SPIELZEUGSOLDATEN

Das neue kompakte Bestimmungsbuch

SPIELZEUGSOLDATEN

Das neue kompakte Bestimmungsbuch

Norman Joplin

KÖNEMANN

This book was designed and produced by
Quintet Publishing Limited
6 Blundell Street
London N7 9BH

Text und Bilder wurden bereits in *Toy Soldiers*
von Norman Joplin verwendet.

Original title: Toy soldiers. The new compact
study guide and identifier

Könemann Verlagsgesellschaft mbH
Bonner Str. 126, D-50968 Köln
Redaktion und Satz der deutschen Ausgabe:
Königsdorfer Verlagsbüro, Frechen
Übersetzung aus dem Englischen: Helmut Roß
Druck und Bindung: Sing Cheong Printing Co., Ltd.
Printed in Hong Kong, China
ISBN 3-8290-1288-8

10 9 8 7 6 5 4 3 2 1

INHALT

EINFÜHRUNG

Soldaten des Nordamerikanischen Unabhängigkeitskrieges. Österreichische Flachfiguren (um 1930). Höhe: 30 mm.

Miniaturisierte Darstellungen von Soldaten lassen sich bis in die altägyptische Zeit zurückverfolgen; die ersten kleinen, kriegerartigen Figuren entdeckte man in den Gräbern der Pharaonen, wo sie vermutlich religiösen Zwekken dienten. Das British Museum in London beherbergt einige römische Massivfiguren, die offenbar als Spielzeug fungiert haben. Die im chinesischen Xian entdeckte lebensgroße Terrakottaarmee zeugt von einer ausgeprägten Neigung, lebensechte Soldaten nachzubilden.

Zinnsoldaten waren für Kinder gedacht. Da sie zunächst nur in geringer Zahl gefertigt wurden, waren sie recht teuer und blieben meist den Kindern der Adeligen vorbehalten. Im Zuge der fortschreitenden Industrialisierung fielen diese Schranken, da nun immer mehr Figuren zu immer geringeren Preisen auf den Markt gelangten. Ende des 19. Jahrhunderts lag im viktorianischen England Spielzeug aller Art unter einem Weihnachtsbaum, und für Knaben wurden Schachteln mit Zinnsoldaten förmlich zur Pflicht.

Einige der ersten kommerziellen – flachen, massiven und bleiernen – Spielzeugfiguren entstanden Mitte des 18. Jahrhunderts in Nürnberg. Einer der größeren Hersteller war Heinrichsen. In Deutschland gab es damals auch halbflache Figuren. Die Figuren, wie wir sie heute kennen, entstanden vermutlich aus den massiven, voll gerundeten Figuren, die bereits 1790 in Frankreich produziert wurden. Französische und deutsche Firmen sollten den Markt ein weiteres Jahrhundert lang beherrschen. 1893 jedoch erfand William Britain, Sohn eines britischen Spielzeugherstellers, den Bleihohlguß und leitete damit eine Revolution ein. Zahlreiche englische Firmen kopierten Britains Verfahren und konnten sich den Löwenanteil des britischen Figurenmarkts sichern, indem sie ihr Sortiment um Bauernhöfe, Zoos, Pfadfinder, Cowboys und Indianer erweiterten.

Die Produktion wurde in Europa – anders als in den USA – auch während des Ersten Weltkrieges fortgesetzt. Bis zum Zweiten Weltkrieg konnten die USA jedoch

65 mm hohe britische Hohlgußfigur (um 1920) eines britischen Soldaten in Uniform des Ersten Weltkrieges, Hersteller unbekannt.

Alymer (Spanien) fertigte diese 60 mm hohe Figur einer Krankenschwester von Cape. Vor allem für ihre Ritter-Serien bekannt, produzierte diese Firma jedoch noch andere Sortimente – so etwa weltweit bekannte Persönlichkeiten, politische Führer wie Mao Tse-tung und diverse US-Präsdenten.

als Selbstversorger auftreten: Ihre Sturz- oder Hohlgußfiguren wurden in Läden angeboten, in denen man bereits für zehn Cents (»dime«) etwas kaufen konnte. Heute ist die Bezeichnung »Dimestores« gleichbedeutend mit Figuren aus den USA.

Im Zweiten Weltkrieg kam die Produktion weitgehend zum Erliegen. Bis dahin hatten Deutschland, Frankreich und Italien meist an ihren Massivfiguren festgehalten, während die britischen Hersteller auch weiterhin das wirtschaftlichere Hohlgußverfahren nutzten. Mitte der 1930er Jahre jedoch begannen einige deutsche Firmen mit der Herstellung von Figuren, bei denen eine Mischung aus Sägemehl, Bimssteinpulver und Leim auf ein Drahtgestell modelliert wurde. Die so gefertigten Soldaten stellten meist nationalsozialistische Truppen dar.

Nach dem Zweiten Weltkrieg wurde die Herstellung von Bleifiguren wiederaufgenommen, doch man experimentierte bereits mit Plastik, so daß sich in den frühen 1950er Jahren zahlreiche europäische Firmen dem Spritzgußverfahren zuwandten. In Großbritannien wurde die Herstellung von Hohlguß-Bleifiguren 1966 eingestellt, nachdem ein Gesetz den Verkauf von Objekten, die Bleifarbe enthielten, verbot. Kleine Bleifiguren aus einem ungiftigen Material (Bleifiguren mit bleifreier Grundierung und Lackierung) füllten die entstandene Lücke von 1966 bis 1972, als die weißen »New Toy Soldiers« aufkamen, die bis heute produziert werden.

Auch hier trat ein, was auf dem Gebiet des Sammelns generell zu beobachten ist: Erst wenn einige Stücke nicht mehr üblich sind oder selten werden, steigt ihre Bedeutung für den Sammler – sei es als Liebhaberstück oder als Kapitalanlage. Das Sammeln von Figuren wurde Anfang der 1960er Jahre populär, als die Produktion von Hohlguß- und anderen Bleifiguren eingestellt wurde. Manche Sammler sind bemüht, sich in ihre Kindheit zurückzuversetzen, indem sie Objekte längst vergangener Tage erwerben. Andere wiederum, die oft eine militärische Vergangenheit haben, finden Vergnügen daran, Paraden aufzustellen oder Schlachtszenen nachzuvollziehen. Insgesamt handelt es sich um ein Hobby, das sich mehr für Erwachsene als für Kinder eignet.

Plastik-Wildwestfiguren aus Britains' Deetail-Sortiment.

SOUVENIRS UND MEMORABILIEN

Schottischer Stammesangehöriger (Höhe: 100 mm), als Souvenir von Britains herausgegeben.

Figuren, die als Souvenirs in Geschenkläden auf Flughäfen oder in kleinen Shops in der Nähe von Sehenswürdigkeiten verkauft werden, erhalten immer mehr einen Sammlerstatus. In Kanada wird die militärartige Uniform der Royal Canadian Mounted Police beispielsweise von interessierten Sammlern zunehmend anerkannt. Hiervon profitieren zahlreiche Hersteller, indem sie Mountie-Figuren in diversen Formen, Größen und Materialien produzieren. Die Geschenkläden rund um die Niagarafälle quellen über vor Figuren, Haftmagneten und verschiedensten Schneekugeln.

Die West Point Academy in New York ist ein weiterer Publikumsmagnet, der alljährlich Tausende neugieriger Besucher anzieht und wo selbstverständlich auch Kadettenfiguren erhältlich sind. In Griechenland stellen Figuren der königlichen Leibgarde (Evzonen) mit ihren ungewöhnlichen, farbenfrohen Uniformen ebenfalls ein attraktives Mitbringsel dar. Schottland mit seiner bedeutenden Tourismusindustrie ist gut mit Figuren von Hochlandbewohnern versorgt.

Auch Spielwarenmessen erlauben es, eine Sammlung mit Erinnerungsbroschen und Gedenkfiguren anzulegen. Derartige Objekte eröffnen ein neues Sammelgebiet, so daß sentimentale Sammler bereit sind, Unsummen für ein Stück, das an eine bestimmte Ausstellung erinnert, zu bezahlen.

Souvenir von einem Besuch des Fort William Henry in Kanada. Die 70 mm hohe Figur wurde 1950 von Minikins in Japan gefertigt.

GEZIELT SAMMELN

Welche Art von Figuren man sammelt, ist in jeder Hinsicht eine Sache der persönlichen Vorliebe. Es gibt jedoch darüber hinaus einige allgemeine Faktoren, an die Sie im Vorfeld denken sollten, da sie Ihnen die Entscheidung erleichtern und sicherstellen, daß Ihre Sammlung wirklich Ihren Vorstellungen entspricht.

Als erstes sollten Sie sich fragen, woran Sie besonders interessiert sind. Möchten Sie sich vielleicht auf ein spezielles Gebiet konzentrieren, womöglich auf bestimmte Figuren oder auf die Produkte eines besonderen Herstellers? Sammlungen lassen sich nach Herstellern, Größen oder Material arrangieren. Ganz ähnlich kann man sich auf bestimmte Epochen, Kriege, Feldzüge, Uniformen oder gar einzelne Regimenter konzentrieren. Stellt Ihre Sammlung anfangs nicht mehr als eine bunte Mischung dar, so können Sie sich doch mit zunehmendem Engagement immer mehr auf ein bestimmtes Gebiet spezialisieren.

Frühzeitig sollten Sie auch den Kosten einer Sammlung Rechnung tragen. Einige Figuren sind teurer als andere, so daß Sie abschätzen müssen, welche Gebiete Sie sich leisten können und welche nicht. Der Neuling sollte zunächst die vorhandenen Quellen sondieren, um Angebot und Preise kennenzulernen, bevor er einen Kauf tätigt.

54 mm hohe, massive Figur eines Hochlandoffiziers, um 1953 von dem britischen Hersteller Greenwood & Ball gefertigt.

Dieser 75 mm hohe kniende Schütze ist eine Elastolinfigur, die 1942 von Playwood Plastics produziert wurde.

WO KAUFEN?

Interessante Läden für Sammler existieren in den meisten Großstädten. Weitere Quellen sind Spielwarenmessen, Flohmärkte, Antikmessen und Auktionen. Auch Haushaltsauflösungen, Gemeindebasare oder Trödlerläden können manche Überraschung bereithalten. Ebenfalls beliebt sind Tauschbörsen, die darüber hinaus die Begegnung mit Gleichgesinnten ermöglichen.

LINKS: *US-Infanterist, Anfang der 1950er Jahre von Lincoln Logs gefertigt.*

RECHTS: *Die American Soldier Co. produzierte diesen viktorianischen Matrosen mit Strohhut Ende der 1920er Jahre.*

EINIGE TIPS FÜR VERSTEIGERUNGEN

Auktionen verdienen eine besondere Erwähnung. Sie sind zwar als Fundgrube geeignet, können jedoch auch enttäuschend sein. Der Besuch einer Versteigerung kann Ihnen sowohl Einnahmen als auch Kaufgelegenheiten bescheren. Sie können hier aber auch einfach nur Angebot und Preise sondieren. Um vor bösen Überraschungen gefeit zu sein, sollten Sie folgende drei Grundregeln beachten:

1. Machen Sie sich mit den jeweiligen Regeln, Provisionen und Gebühren des Auktionshauses vertraut.
2. Besorgen Sie sich möglichst schon im voraus einen Katalog, und nehmen Sie die anvisierten Stücke nach Möglichkeit in Augenschein.
3. Erkundigen Sie sich als Verkäufer nach dem Mindestgebot, um dadurch sicherzugehen, daß Ihr Eigentum nicht zu einem geringeren Preis veräußert wird, als es Ihren Erwartungen entspricht.

IDENTIFIZIERUNGS-HILFEN

Die meisten Figuren tragen auf der Unterseite des Sockels eine Kennzeichnung in Form des Ursprungslands, Herstellernamens oder einer Markierung, die auf die Herkunft schließen läßt.

Die britische Firma John Hill kennzeichnete ihre Figuren mit »Johillco« oder »John Hill«, jedoch auch mit einem aufgedruckten Kürzel des Wortes »copyright«: »copyrt«. Britains markierte nahezu alle seine Figuren und benutzte neben dem Namen »Britains Ltd« eine Reihe weiterer Kennzeichnungen. Ausschließlich sehr frühe Exemplare tragen keine Kennzeichnung, weil die Firma eine Zeitlang Etiketten verwendete, bis sämtliche Gußformen umgearbeitet werden konnten. Diese enthielten dann die Copyrightprägung. Solche Etiketten sind jedoch nicht immer vorhanden – was den Neuling möglicherweise verwirrt.

Vorhandene Originalschachteln enthalten einen augenfälligen Hinweis auf den Hersteller. Ebenfalls hilfreich bei der Identifizierung sind die Herstellerkataloge (im Original oder Nachdruck). Sehr nützlich vor allem für den noch unerfahrenen Sammler ist eine Reihe von Fachbüchern, die sich dem Thema der Identifizierung widmen (siehe Seite 77).

75 mm hohe Dimestore-Figur (US-GI aus dem Zweiten Weltkrieg) der amerikanischen Firma Barclay.

SAMMLUNGEN PRÄSENTIEREN

Eine Figurensammlung zu besitzen, macht das eine Vergnügen einer Sammlung aus; sie mit Genuß betrachten zu können, stellt die andere Seite dar. Die beliebtesten Formen der Präsentation sind Vitrinen oder Regale; sie sollten nach Möglichkeit so verglast sein, daß Staub nicht zum Problem wird, jedoch genügend Luft zirkulieren kann. Dem Sammler obliegt die Entscheidung, wie er seine Objekte gruppiert – nach Größe, Regimentern u. ä.

Manche Sammler bevorzugen ein Arrangement in Form einer Szene oder eines Dioramas, das vielleicht eine reale oder imaginäre Rekonstruktion eines Staatsakts, einer Schlacht oder eines anderen historischen Ereignisses darstellt.

AUFBEWAHRUNG UND PFLEGE

Wer seine Sammlung nicht in einer Vitrine ausstellen will, sollte seine Bleifiguren leicht mit Seidenpapier bedecken und in robusten Kartons in einer trockenen, gut belüfteten Umgebung lagern. Plastikfiguren werden

Perspex-Schaukarton mit Britains-Figuren: Yeoman of the Guard, Scots Guard und Horse Guard mit Schilderhaus.

leicht spröde und sollten nur einlagig aufbewahrt werden.

Bisweilen kann bei Bleifiguren die sogenannte Bleifäule auftreten. Über die Ursachen wurde intensiv geforscht, jedoch ohne Ergebnis. Bestimmte Herstellungsverfahren fördern die Bleifäule möglicherweise, und auch eine Aufbewahrung in feuchter Umgebung scheint dazu beizutragen. Darüber hinaus wurde nachgewiesen, daß unmittelbarer Kontakt mit Eichenholz einen weiteren Faktor für Bleifäule darstellen kann.

Deutliches Warnzeichen ist eine graue Pulverschicht. Das Exemplar ist sofort zu isolieren, um einem Befall der Sammlung vorzubeugen. Vermeiden Sie eine Präsentation in luftdichter Umgebung.

REPARATUR, RESTAURIERUNG UND UMWANDLUNG

Eine wachsende Zahl von Sammlern interessiert sich inzwischen auch für zerbrochene oder schadhafte Figuren, um älteren Exemplaren ihre einstige Pracht zurückgeben zu können. Andere Sammler wiederum besorgen sich beschädigte oder auch unversehrte Figuren, um aus zwei Exemplaren eines zu machen.

Als privates Vergnügen ist dies eine sehr lohnende Beschäftigung. Eine Wertsteigerung ist dadurch aber nicht zu erwarten, es kann sogar zur Wertminderung führen. Die meisten Sammler interessieren sich daher nur für guterhaltene Originalfiguren.

WERT

Eine in gutem Zustand gekaufte und pfleglich behandelte Figur bedeutet in der Regel einen Werterhalt, wenn nicht sogar eine Wertsteigerung. Dies gilt vor allem für Figuren mit intakter Originalverpackung, für die Sammler stets einen höheren Preis zu zahlen bereit sind.

Wenn Sie Ihre Sammlung als Kapitalanlage betrachten, sollten Sie entsprechend Buch führen. Notieren Sie sich den jeweils entrichteten Kaufpreis, und erkundigen Sie sich von Zeit zu Zeit beim Händler nach dem aktuellen Wert. Auf diese Weise bleiben Sie stets über den Gesamtwert Ihrer Sammlung informiert, was nicht nur aus persönlichem Interesse, sondern auch für Versicherungszwecke von Nutzen ist.

ZU DIESEM BUCH

Die nachfolgenden Kapitel sind nach den verwendeten Materialien gegliedert. Für massive Figuren wird eine zweiteilige Gußform verwendet, in die man geschmolzenes Blei füllt; nach dem Abkühlen wird die Figur entnommen. Die europäischen Hersteller benutzten für die aufsteckbaren Köpfe der Figuren eine gesonderte Gußform. Beim Hohlgußverfahren wird geschmolzenes Blei in eine kalte Form gegossen, die ein Lüftungsloch und eine Überlaufrinne für überschüssiges Blei besitzt. Der Gießer verwirbelt das geschmolzene Metall in der Gußform, und überschüssiges Blei wird durch das Loch ausgegossen. Dann wird die hohle und leichte Figur mit einer Zange entnommen. Bei diesem Verfahren ist nur etwa ein Drittel der für die Massivfiguren benötigten Bleimenge erforderlich. Nachdem 1966 in Großbritannien eine Verordnung über den Bleigehalt von Kinderspielzeug in Kraft getreten war, kam die Produktion von Hohlgußfiguren zum Erliegen.

Die sogenannten Elastolinfiguren bestehen meist aus einer Mischung aus Sägemehl, Leim, Kaolin und Casein, die auf ein Drahtgeflecht modelliert, getrocknet und von Hand bemalt wurde. In den USA wurden die Spielzeugfiguren meist in Ramschläden, den »five and dime stores«, angeboten. Darauf bezieht sich der vom amerikanischen Sammler Don Pielin geprägte Name »Dimestore-Figuren«. Auch wenn das Herstellungsverfahren dem der Hohlgußfiguren ähnelt, sollte man besser von Sturzgußfiguren sprechen. Plastikfiguren entstehen im Spritzgußverfahren, bei dem das Ausgangsmaterial durch Löcher in eine Messingform gespritzt wird. Die »New Toy Soldiers« sind optisch den Hohlgußfiguren nachempfunden, bestehen jedoch aus einem ungiftigen Weißmetall und werden mit einer Schleudergußmaschine anhand von Gummiformen gefertigt. Die ebenfalls als Ersatz für die Hohlgußfiguren gedachten »New Metal Models« von Britains erfordern eine metallische Gußform, um den Druckguß zu erleichtern. Aluminiumfiguren entstehen aus zwei Hälften im Rahmen des Sandformverfahrens. Papier- oder Pappfiguren besitzen meist einen hölzernen Blocksockel. Sämtliche in diesem Buch angegebene Größen beziehen sich auf die Figuren und nicht auf die Verpackung. Die Messung erfolgt von der Sockeloberkante bis zur Stirn (also ohne Sockel und Kopfschmuck). Die Standardhöhe beträgt in Europa 54 mm, in den USA dagegen 70 mm.

MASSIVFIGUREN

Die französische Firma Lucotte produzierte gegen Ende des 18. Jahrhunderts massive, voll gerundete, 54 mm hohe Figuren, die verschiedene Einheiten der französischen Armee darstellten. Sie waren die ersten Figuren, die eine wirklichkeitsgetreue Abbildung beanspruchten.

CBG Mignot aus Paris übernahm Lucotte 1825 und begann mit der Einführung zahlreicher neuer Sortimente von handbemalten, in puncto Uniformdetails sehr akkuraten Soldatenfiguren. Offenbar stellte Mignot seine Aktivitäten jedoch Anfang der 1990er Jahre endgültig ein.

Bei der Fertigung massiver Eisenfiguren liegt Deutschland dicht hinter Frankreich an zweiter Stelle. Georg Heyde produzierte von 1870 bis 1944, ehe die Fabrik durch Bombenangriffe zerstört wurde. Die meisten Heyde-Figuren sind 45 mm hoch.

LINKS: **Britischer Soldat auf einem Dromedar; moderne Reproduktion eines Entwurfs aus den 1930er Jahren. Höhe: 60 mm.**

LINKS UNTEN: **Zwei Römerfiguren von Mignot, in den 1970er Jahren vermutlich mit 60 Jahre früher entstandenen Formen produziert. Höhe: 58 mm.**

RECHTS UNTEN: **Der deutsche Hersteller Heyde fertigte in den 1920er Jahren diese seltene und wertvolle Großfigur eines britischen Ulanen. Reiter und Satteldecke sind abnehmbar. Höhe: 200 mm.**

MASSIVFIGUREN

Wie die französischen Mignot-Figuren besaßen auch die Heyde-Figuren steckbare Köpfe. So konnten die unterschiedlichsten Regimenter geschaffen werden, indem man verschiedene Köpfe und Torsi miteinander kombinierte. Zum Sortiment von Heyde gehörten auch einige Sets mit Massivfiguren, wie etwa Soldaten in Kampfposen (Schießen, Angreifen u. ä.) und zivile Figuren (Köche, Krankenschwestern, Ärzte u. ä.), ergänzt durch Zeltlager und Feldlazarette, um das Spielvergnügen der Kinder zu steigern. Mignot jedoch hielt lieber an den konventionellen marschierenden oder paradierenden Truppen fest.

LINKS UNTEN: **Georg Heyde produzierte um 1930 diesen österreichischen Infanteristen mit aufgepflanztem Bajonett. Höhe: 54 mm.**

RECHTS UNTEN: **Dieser verwundete Südstaatensoldat ist eine der Figuren des amerikanischen Sezessionskrieges des US-Herstellers Treasure Chest. Höhe: 54 mm.**

MASSIVFIGUREN

Massive, ausschließlich für erwachsene Sammler gedachte Figuren wurden nach dem Zweiten Weltkrieg von exklusiven Geschäften wie Hummel und Tradition in London angeboten. Diese sogenannten Liebhaberfiguren hatten meist eine Standardhöhe von 54 mm. Es entstanden aber auch größere Exemplare, bisweilen als Bausatz, so daß die Figuren vom Sammler montiert und bis ins Detail präzise bemalt werden konnten.

Der schwedische Designer Holger Eriksson schuf das Authenticast-Sortiment, das in Irland für die amerikanische Firma Comet gefertigt wurde. Außerdem entwarf er einige 30 mm hohe Soldaten für die in Südafrika ansässige Firma Swedish African Engineers. Figur (Italien) und Alymer (Spanien) produzierten ähnliche Stücke, die nur in Europa erhältlich waren.

OBEN: **Massive »Liebhaberfiguren«, entworfen von Holger Eriksson. Die kniende Figur rechts ist ein Comet-Exemplar, die übrigen und die Schachtel sind Authenticast. Höhe: 54 mm.**

RECHTS: **Wächter der Schweizergarde von der italienischen Firma Figur. Diese Modelle besitzen Steckköpfe. Höhe: 60 mm.**

GANZ RECHTS: **Diese Massivfigur (1970) eines Offiziers aus dem Zulukrieg stammt von Tradition (London). Höhe: 54 mm.**

MASSIVFIGUREN

Charles Stadden und Rose Miniatures zählten zwischen 1950 und 1970 zu den bekanntesten Herstellern von »Liebhaberfiguren«. Das Interesse an militärischen Miniaturen war in Großbritannien, Frankreich (wo man die teuren Stücke in Läden nahe des Musée de l'Armée anbot) und in den USA besonders ausgeprägt.

UNTEN: **Die hier von Stadden porträtierte US Honor Guard, ein eher ungewöhnliches Thema, wurde in den 1950er und 1960er Jahren über den einstigen London Collector's Shop angeboten. Höhe: 54 mm.**

RECHTS OBEN: **Russell Gamage fertigte diesen britischen Offizier aus dem Jahr 1815 anläßlich der Krönung Elizabeths II. Höhe: 54 mm.**

LINKS OBEN: **Die Figur eines Anordnungen verlesenden Soldaten wurde Ende der 1960er Jahre von Greenwood & Ball hergestellt. Höhe: 54 mm.**

LINKS: **Dieser 1973 gefertigte Kriegsfreiwillige (1815) ist anhand des dünnen Blechsockels und eines erläuternden Etiketts leicht als Stadden-Produkt identifizierbar. Höhe: 54 mm.**

MASSIVFIGUREN

Die »Liebhaberfiguren« haben in der aktuellen Sammlerszene zwar eine geringe Bedeutung, sind jedoch als erste Miniatursoldaten, die speziell für Erwachsene gefertigt wurden, von historischem Interesse. Eine faszinierende Entwicklung zeichnete sich seit dem Zusammenbruch der UdSSR durch das plötzliche Auftauchen russischer Firmen mit traditionellen Massivfiguren auf dem Weltmarkt ab. In diesem Zusammenhang sind auch die Anglo-Russian Toy Soldier Company und Insel zu nennen. Es bleibt jedoch abzuwarten, ob ihre Produkte jemals zu Sammlerstücken werden.

UNTEN: **Diese recht grobschlächtigen Massivfiguren entstanden um 1968 vermutlich in der UdSSR. Höhe: 52 mm.**

OBEN: **Napoleon mit seinen Generälen am Kartentisch, Mitte der 1960er Jahre von Charles Stadden produziert. Höhe: 30 mm.**

UNTEN: **Insel (Moskau) fertigte diesen Soldaten (1812) und schenkte ihn 1993 dem Autor dieses Buches. Höhe: 60 mm.**

HOHLGUSSFIGUREN

William Britain junior, Sohn eines britischen Spielzeugmachers, erfand und perfektionierte 1893 die Herstellung von Hohlgußfiguren, die den Markt revolutionierte, der bis dahin von den in Frankreich und Deutschland gefertigten Massivfiguren beherrscht wurde. Die ersten Hohlgußfiguren waren ein Set aus berittenen Life Guards, das den Beginn einer langen Reihe von Regimentern der britischen Armee markierte. Später, etwa in der Serie »Armies of the World«, wurde das Sortiment auch auf ausländische Truppen erweitert. Britains' Spielzeugsoldaten hatten bei Kindern besonders großen Erfolg, weil sie preiswert und in attraktiven roten Schachteln verpackt waren, aber auch, weil sie bewegliche Arme besaßen.

OBEN: **Leibwächter des Kaisers von Abessinien, ein vor dem Zweiten Weltkrieg entstandenes Set aus Britains' »Armies of the World«. Bemerkenswert ist, daß die Figuren immer noch mit Fäden am Karton befestigt sind. Höhe: 54 mm.**

RECHTS: **Seit Einführung der Life Guards im Jahr 1893 produzierte Britains zahlreiche aktualisierte Versionen der Regimentsuniformen. Das abgebildete Exemplar stammt aus den 1950er Jahren. Höhe: 90 mm.**

Hohlgussfiguren

Britains' Erfolg mit den Hohlgußfiguren brachte Anfang des 20. Jahrhunderts Probleme mit sich, denn kleinere Firmen wie A. Fry, C. D. Abel & Co. und Hanks Bros warteten mit schamlosen und bisweilen preiswerteren Kopien auf. Diese Produktpiraterie kam erst zum Erliegen, nachdem Britains seine Rivalen erfolgreich verklagt hatte. Ab 1900 versah Britains seine Produkte mit einem Copyrightvermerk zunächst in Form eines unter den Sockel geklebten Etiketts und später durch Aufprägen von Markenname, Datum und Copyrightzeichen auf den Sockel oder den Bauch von Kavalleriepferden. Die Klebeetiketten sind bei der Datierung hilfreich und können wertsteigernd wirken.

OBEN: **Diese Britains-Kanone wurde in den 1950er Jahren mit Hohlgußfiguren des Sezessionskrieges, in den 1960er Jahren als Waterloo-Kanone und bis Anfang der 1980er Jahre mit Eyes-Right- und Herald-Plastikfiguren verwendet. Höhe: 54 mm.**

A. Fry und Hanks Bros fertigten auch Figuren nach eigenen Entwürfen. Fry verkaufte den khakifarbenen kanadischen Soldaten (LINKS) **als Teil der Serie »Sons of the Empire«. Der Wachgänger** (GANZ LINKS) **stammt von Hanks Bros. Höhe: 54 mm.**

HOHLGUSSFIGUREN

1899 produzierte Britains die ersten Soldaten in khakifarbenen Uniformen. 1905 eröffnete man eine Niederlassung in Paris; so entstanden zahlreiche Figuren, die auf französische Einheiten zurückgingen. 1916 kamen Geschützmannschaften und Ambulanzwagen mit Soldaten in Uniformen des Ersten Weltkrieges hinzu. Während des Krieges reduzierte das britische Werk seine Aktivitäten, doch die französische Niederlassung brachte weiterhin neue Figuren heraus; viele von ihnen sind heute begehrte Sammlerstücke. Nach dem Krieg wurde das Sortiment um Pferdewagen, Cowboys, Indianer, Pfadfinder und Artilleriestücke erweitert; existierende Modelle wurden ständig aktualisiert.

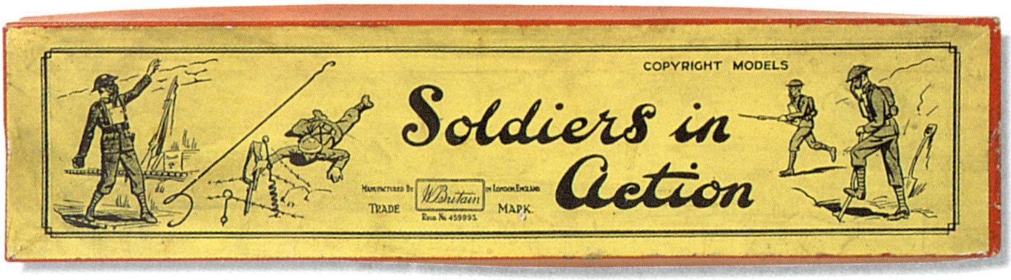

OBEN: **Die Aufmachung von Britains' khakifarbenen Truppen folgt dem Stil der britischen Armee. Höhe: 54 mm.**

RECHTS: **Britains' Schiffsgeschütz, das Streichhölzer abfeuern kann, wurde von Anfang des Jahrhunderts bis Mitte der 1970er Jahre produziert. Dieses komplette Exemplar besitzt einen besonders hohen Sammlerwert. Höhe: 54 mm, Länge: 230 mm.**

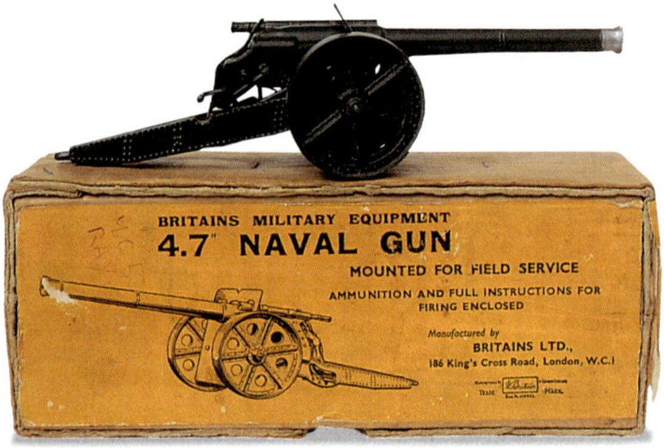

Hohlgussfiguren

Die britische Figurenproduktion kam während des Zweiten Weltkrieges zum Erliegen. Nach dem Krieg führten staatliche Beschränkungen der Bleiquoten zu einer nur langsamen Rückkehr zur Normalität. Britains mußte zahlreiche Produktlinien einstellen, so auch viele seiner Balkansoldaten und einige seiner übrigen europäischen Figuren. Die Firma warb für eine Lockerung der Kontrollen, gleichzeitig wurde erstmals mit der Plastikfertigung experimentiert. Britains erhielt schließlich die Erlaubnis, die kränkelnde Volkswirtschaft durch die Produktion von Spielzeugfiguren für den Export (vor allem in die USA) zu fördern. Die Produktion für den heimischen Markt erreichte erst Ende der 1940er Jahre wieder das Vorkriegsniveau.

Dieses selbstfahrende 155-mm-Geschütz (Britains, um 1955), montiert auf einem Centurion-Panzer, ist hier mit seinem Originalkarton aus Wellpappe abgebildet. Höhe: 100 mm, Länge: 300 mm.

Hohlgussfiguren

Ende der 1940er und Anfang der 1950er Jahre tauchten in den Katalogen von Britains zahlreiche neue Stücke auf. Eingestellt wurden jedoch zahlreiche ältere Produktlinien, vor allem ausländische Regimenter, deren Nationen im Zweiten Weltkrieg untergegangen waren. Die alte Serie »Armies of the World« wurde durch »Regiments of All Nations« mit Nachkriegstruppen fremder Länder, des britischen Commonwealth und des Empires ersetzt. Zwischen 1959 und 1965 wurden sogenannte »Picture Packs« produziert – einzelne Figuren in separaten Schachteln, die meist vorhandenen Sets entnommen waren und getrennt verpackt wurden. Es entstanden jedoch auch einige wenige neue Figuren; sie sind heute vielgesuchte Raritäten.

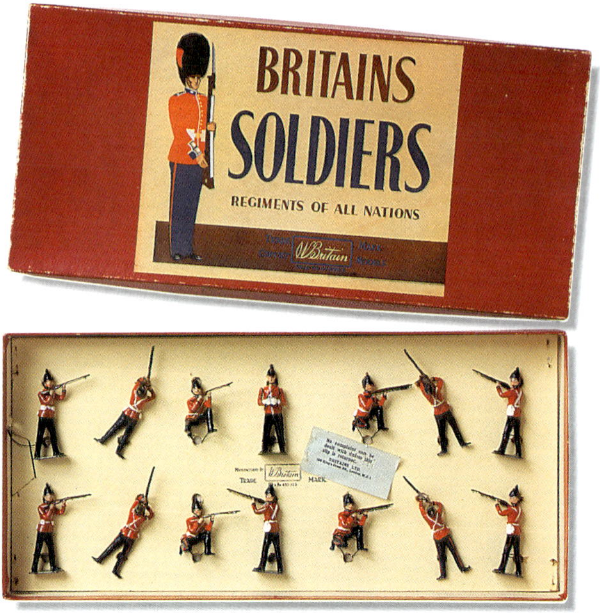

OBEN: **Schachtelset der Serie »Regiments of All Nations«. Der blaue Zettel ist eine Packnotiz, die beigefügt wurde, um die Lieferung im Schadensfall oder bei Nichtgefallen zurücksenden zu können.**

LINKS: **Dieser Reiter der Life Guard datiert aus dem Jahr 1959 und war nur im Rahmen von Britains' Serie »Picture Packs« erhältlich. Höhe: 90 mm.**

HOHLGUSSFIGUREN

Roy Selwyn Smith, bislang bei M. Zang, dem Hersteller der Herald-Plastiksoldaten angestellt, trat 1954 bei Britains als Designer ein. Dort schuf er vor allem eine vortreffliche Serie von Aktionsfiguren, die »Knights of Agincourt«, die eine willkommene Ergänzung des Sortiments an historischen Figuren und zugleich eine Abkehr von den bis dahin sehr steif wirkenden Figuren darstellte.

OBEN: **Deckel einer Britains-Schachtel (um 1954). Das Label »Historical Series« wurde für unterschiedliche Sets verwendet, so auch für Coronation-Produkte und »Knights of Agincourt«-Figuren.**

UNTEN: **Britains' Schachtelset »Knights of Agincourt«, entworfen von Roy Selwyn Smith. Höhe: 54 mm.**

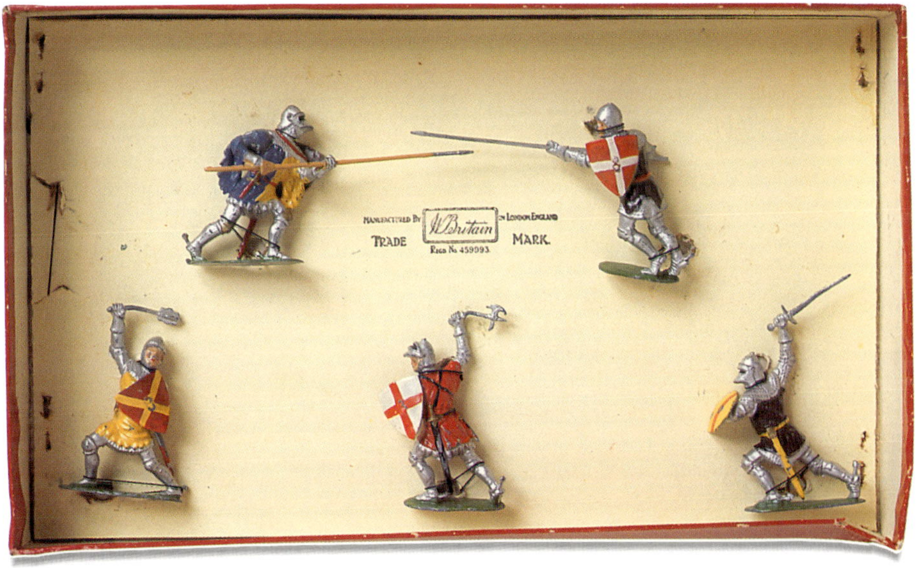

HOHLGUSSFIGUREN

Zweitgrößte Firma und zugleich Hauptkonkurrent von Britains war viele Jahre lang John Hill & Co., bisweilen auch als Johillco bekannt. Firmengründer George Wood hatte die Hohlgußtechnik bei Britains erlernt, bevor er sich 1898 in London selbständig machte. Wood kopierte oder imitierte jedoch keine Britains-Figuren, sondern schuf einige einzigartige Sortimente, die manche für ebenbürtig mit denen von Britains hielten. Seine Figuren erscheinen lebendiger und spiegeln jene Haltungen wider, die Soldaten im Kampf einnehmen. Sie kontrastieren deutlich mit der rigiden Marsch- oder Paradierordnung der Britains-Figuren.

RECHTS: **Berittener Standartenträger der Royal Scots Grey von John Hill & Co. Während der Bleiknappheit nach 1945 bestand die rote Fahne aus Papier. Höhe: 90 mm.**

RECHTS UNTEN: **Highland-Piper von John Hill & Co. Die Figur war in zahlreichen Tartans und Qualitäten erhältlich. Je detailreicher der Tartan, desto höher der Preis. Höhe: 90 mm.**

LINKS UNTEN: **Flieger in Arbeitsjacke von John Hill & Co., Teil eines Sortiments aus den 1930er Jahren. Höhe: 54 mm.**

UNTEN MITTE: **Kniender und feuernder Gardist – ein typisches Produkt von John Hill & Co. aus den 1950er Jahren. Höhe: 54 mm.**

Hohlgussfiguren

Bis zum Ausbruch des Zweiten Weltkrieges investierte John Hill & Co. massiv in neue Figurensortimente. Während des Blitzkrieges erlitt das Londoner Werk einige Bombentreffer, doch die Gußformen blieben unbeschädigt und wurden nach Burnley in Lancashire gebracht, wo ein Konsortium aus Geschäftsleuten eine neue Fabrik errichtete. 1955 entstanden einige neue Entwürfe, doch die Firma erkannte den Niedergang der Hohlgußfiguren nicht rechtzeitig und investierte nicht in den Plastikspritzguß. Anfang der 1960er Jahre mußte Johillco Konkurs anmelden.

OBEN: **Dieser khakifarbene Angreifer wurde von John Hill & Co. ab Anfang des 20. Jahrhunderts viele Jahre lang in unveränderter Form produziert. Höhe: 90 mm.**

OBEN: **Diese Krankenschwester wurde von John Hill & Co. vor und nach dem Zweiten Weltkrieg produziert. Höhe: 54 mm.**

LINKS: **Dieser angreifende Highlander war jahrelang in verschiedenfarbigen Ausführungen einer der Hauptpfeiler der Johillco-Produktion. Höhe: 90 mm.**

OBEN: **Berittener Feldmarschall mit Feldherrnstab von John Hill & Co., gefertigt in den 1950er Jahren. Höhe: 90 mm.**

Hohlgussfiguren

In den Jahren nach 1893 beschäftigten sich mehr als 100 britische Firmen mit der Fertigung von Hohlgußfiguren. Zu den produktivsten Mitbewerbern von William Britain vor 1914 zählten A. Fry, Hanks Bros, BMC, Reka und John Hill & Co. Die ersten drei existierten 1939 nicht mehr. Crescent kaufte Reka 1932 auf und fertigte bis 1959 weiterhin Bleifiguren. Charbens und Taylor & Barratt traten 1920 auf den Plan. Viele dieser Firmen stiegen nach dem Zweiten Weltkrieg mit Erfolg auf die Plastikproduktion um. Nach dem Krieg erschien eine Handvoll neuer Firmen – Timpo (ein Kürzel für Toy Importers) war die weitaus erfolgreichste von ihnen. Unterstützt durch Roy Selwyn Smith produzierte sie zwischen 1946 und 1955 einige der besten Nachkriegs-Hohlgußfiguren.

LINKS: **Dieser Ritter von Timpo gehörte zu einem Set mit König Artus und den Rittern der Tafelrunde, das zeitgleich mit dem MGM-Film herauskam. Der Federbusch stammt von einem Luftgewehr-Pfeil. Höhe: 54 mm.**

RECHTS OBEN: **Zwei Soldaten aus dem Timpo-Sortiment von US-GIs Anfang der 1950er Jahre mit Soldaten in kämpfenden und zivilen Posen. Höhe: 54 mm.**

RECHTS: **Dieser Indianer wurde um 1951 vom britischen Hersteller Harvey gefertigt. Höhe: 54 mm.**

LINKS: **Dieser Cowboy wurde 1951 von der Fylde Manufacturing Co. produziert. John Hill & Co. übernahm Fylde und hielt an diesem Modell fest. Höhe: 90 mm.**

Hohlgussfiguren

Britains' Figuren waren teurer als die vieler anderer Hersteller. Sie wurden von Harrods und Hamleys in London und von anderen exklusiven Geschäften angeboten. Die Figuren anderer britischer Hersteller wie etwa Benbros, John Hill & Co., Crescent und Timpo waren preiswerter und in zahlreichen Ladenketten wie Woolworths und einzelnen Cityshops erhältlich. Die kontinentaleuropäischen und amerikanischen Hersteller widmeten sich dem Hohlgußverfahren zu keinem Zeitpunkt im gleichen Umfang wie die britischen Firmen.

LINKS: **Dieser Gardist ist eines von zahlreichen Modellen, die Crescent in den 1950er Jahren in gewaltigen Auflagen produzierte. Höhe: 54 mm.**

LINKS UNTEN: **Die beiden Trommler gehören zu einem preiswerten Sortiment aus etwa 175 Figuren, das Benbros Anfang der 1950er Jahre anbot. Höhe: 54 mm.**

RECHTS UNTEN: **Dieser französische Matrose ist eine Hohlgußfigur von GM (Paris, Mitte der 1950er Jahre). Höhe: 52 mm.**

HOHLGUSSFIGUREN

Edward Jones aus Chicago war einer der wenigen amerikanischen Hersteller, die das Hohlgußverfahren verwendeten. Die Gußformen bezog er von der britischen Firma Sale. Jones, der ein brillanter Designer, aber schlechter Geschäftsmann war, erlitt mit seinem Unternehmen Schiffbruch. Heute sind seine Figuren sehr gefragt.

LINKS: **Dieser griechische Evzone von Edward Jones ist ein seltenes Exemplar. Die Chicago Historical Society besitzt zahlreiche von Jones gestiftete Figuren.**

UNTEN: **Ein seltenes, einzeln verpacktes Exemplar eines Royal Canadian Mounted Policeman, von Crescent für die kanadische Hundertjahrfeier 1967 produziert – vermutlich eine seiner letzten Hohlgußfiguren. Höhe: 90 mm.**

HOHLGUSSFIGUREN

Französische Hersteller wie Mignot, LP und GM entschieden sich mit größerem Enthusiasmus für das Hohlgußverfahren als die Amerikaner, doch bislang wurde über diese Firmen kaum geforscht. Meist handelt es sich bei ihren Figuren um französische Soldaten aus der Zeit Napoleons oder um Aktionsfiguren aus dem Ersten Weltkrieg.

LINKS UNTEN: **Ein Mameluck mit Turban aus der napoleonischen Ära, gefertigt von einer unbekannten französischen Firma. Höhe: 54 mm.**

OBEN: **Ein ungewöhnlicher, in Frankreich gefertigter britischer »Tommy« mit Handgranate. Höhe: 54 mm.**

RECHTS UNTEN: **Zwei französische Figuren aus Napoleons Kaiserlicher Garde, die mit ihren großen Köpfen wie Spielzeuge wirken. Höhe: 54 mm.**

Elastolinfiguren

Die beliebteste Materialmischung für die Herstellung von Spielzeugfiguren – Sägemehl, Leim, Kaolin und Casein – wurde erstmals 1898 von der Wiener Firma Pfeiffer verwendet. Diese Mischung war in Deutschland besonders verbreitet. Ab 1926 bezeichneten die Gebrüder Hausser aus Stuttgart ihre Produkte als Elastolinfiguren – ein Begriff, der heute auf alle vergleichbaren Stücke angewandt wird. Ihre zwischen 1904 und 1943 entstandenen Elastolinfiguren waren meist 70 mm hoch, doch es gab Größen bis zu 100 mm. In den 1920er Jahren wurden die Streitkräfte der meisten Staaten porträtiert, doch der Aufstieg des Nationalsozialismus in den 1930er Jahren führte zu einer Betonung der deutschen Truppen.

OBEN: **Deutsche Militärmusiker, typisch für die 1930er Jahre. Die ovalen Sockel sind charakteristisch für die Elastolinfiguren von Hausser. Höhe: 65 mm.**

LINKS: **Zwei Elastolinfiguren: Gardist mit geschultertem Gewehr und Offizier mit Degen. Höhe: 100 mm.**

ELASTOLINFIGUREN

Außer Deutschland verwendeten nur wenige Länder bei der Fertigung eine Materialmischung. Aufgrund der Bleiknappheit nach dem Krieg brachte die Brent Toy Co. in Großbritannien als Notbehelf ein kleines Sortiment khakifarbener Infanteristen unter dem Namen »Elastolene« heraus, die auf Elastolin basierten. Aus dem gleichen Grund ergänzte Timpo sein britisches Sortiment um einige Timpolene-Figuren. Toydell war ein weiterer Brite, der für seine Figuren Mischmaterialien oder Gips verwendete.

Diese Krankenschwester wurde vermutlich von einer deutschen oder österreichischen Firma in den 1930er Jahren gefertigt. Höhe: 65 mm.

Toydell produzierte diesen Leibgardisten Anfang der 1950er Jahre als Teil seines Geschenksortiments. Höhe: 100 mm.

Dieser britische Infanterist eines unbekannten Herstellers wurde in den USA nach dem Zweiten Weltkrieg für kurze Zeit über die Kresge-Ladenkette vertrieben. Höhe: 60 mm.

ELASTOLINFIGUREN

Ende der 1940er Jahre brachte die britische Firma Riviere & Willett – wiederum in dem Bemühen, die Probleme der Bleiknappheit zu umgehen – einige größere, eher an Statuetten erinnernde Figuren aus Verbundmaterial heraus. In den 1950er Jahren produzierte die US-Firma Miller einige Gipsfiguren. Diese in Billigläden vertriebenen Figuren sind sehr empfindlich und werden nur von wenigen amerikanischen Fans gesammelt.

RECHTS: **Gipsfiguren von Miller: Sanitätskommando und Lazarettschwester. Höhe: 100 mm.**

GANZ LINKS: **Französischer Standartenträger aus dem Ersten Weltkrieg, gefertigt von einer unbekannten französischen Firma. Höhe: 70 mm.**

LINKS: **Obwohl dieser der indischen Armee angehörende Sikh (um 1938, eine britische Gipsfigur) eher wie ein Dekorationsstück wirkt, wurde er als Spielzeugfigur angeboten. Höhe: 100 mm.**

DIMESTORE-FIGUREN

Die Firma Barclay wurde 1924 in West Hoboken (New Jersey) von den Brüdern Donze und Michael Levy gegründet. Als sie in den USA zum größten Hersteller von Spielzeugfiguren wurde, verlegte man die Fabrik nach Union City und in den Westen von New York.

Den Schwerpunkt der Produktion bildeten Modelle von US-Streitkräften (meist in Kampfhandlungen) sowie Wildwest-Figuren. Im Laufe der Jahre kamen zahlreiche Sortimente hinzu. Die khakifarbenen Soldaten vor 1939 besaßen abnehmbare Blechhelme, die Nachkriegsfiguren hatten festsitzende Helme. Nach 1945 verzichtete man auf die teuren Bleisockel und verbreiterte die Füße, was die Bezeichnung »Schalenfußfiguren« zur Folge hatte. Die Standardgröße betrug 70 mm, es gab jedoch auch einige 45 mm und 75 mm hohe Figuren. Barclay verschwand 1971 vom Markt.

OBEN: **1935 von Barclay produzierter Granatenwerfer des Ersten Weltkrieges. Höhe: 75 mm.**

OBEN : **Dieser von Barclay in einem Guß gefertigte Soldat mit Suchscheinwerfer wurde mit geringfügigen Abweichungen siebenmal aufgelegt. Höhe: 75 mm.**

LINKS UNTEN: **»Schalenfußsoldat« von Barclay, 1950er Jahre. Die rote Uniform ist selten; die Figur soll offenbar einen feindlichen Soldaten aus dem Koreakrieg darstellen. Höhe: 75 mm.**

RECHTS UNTEN: **Barclays kniende Krankenschwester ähnelt den in Deutschland hergestellten Elastolin-Schwestern. Höhe: 75 mm.**

DIMESTORE-FIGUREN

Maurice und Jack Manoil gründeten 1924 gemeinsam mit Walter Baetz eine Firma, die den Namen Manoil trug. Die Figuren ähnelten in puncto Größe und Stil denen von Barclay, doch hatten sie ein Quentchen mehr Charakter. Neben der zivilen Serie »Happy Farm«, die die Sozialgeschichte der USA widerspiegeln sollte, produzierte Manoil, wie auch Barclay, ein breites Sortiment an Militärfahrzeugen.

LINKS UNTEN: **Liebevoll gefertigte Flak mit Schütze von Manoil. Höhe: 75 mm.**

OBEN: **Dieser Fallschirmspringer zeigt die filigrane Arbeit der Manoil-Entwürfe. Höhe: 75 mm.**

RECHTS UNTEN: **Marineoffizier aus dem Manoil-Sortiment. Höhe: 75 mm.**

DIMESTORE-FIGUREN

Grey Iron, ein weiterer Hersteller von Dimestore-Figuren, bediente sich eines Eisengußverfahrens (das offenbar einen verstärkten Schwund der Farbschicht bewirkte) und orientierte sich, wie auch Tommy Toy, All Nu und die japanische Firma Minikins, größenmäßig und stilistisch an Barclay. Die Figuren anderer bedeutender US-Hersteller wie die der American Soldier Co., von McLoughlin, Lincoln Logs und Warren entsprachen annähernd dem britischen Standard von 54 mm.

LINKS UNTEN: **Grey Iron produzierte diesen hockenden MG-Schützen in den 1930er Jahren. Höhe: 75 mm.**

OBEN: **US-Freiwillige, 1906 von der American Soldier Co. gefertigt (Markenname Eureka). Höhe: 54 mm.**

UNTEN MITTE UND RECHTS: **Der »Mountie« gehörte zu einer Serie mit Cowboys und Indianern von Lincoln Logs; aus dem militärischen Standardsortiment dieser Firma stammt der Matrose. Höhe: 52 mm.**

DIMESTORE-FIGUREN

In den 1930er Jahren wurden Spielzeugfiguren in den USA häufig selbst gegossen. Entsprechende Sets, die aus Metallformen, Bleibarren, Schöpfkelle und Schmelztiegel bestanden, waren über den Versand erhältlich und wurden sehr beliebt. Meist handelte es sich um US-Figuren. Neben Henry Schierke war wohl Sachs der bekannteste Hersteller. Mitte der 1980er Jahre erstand Ron Eccles aus Burlington (Iowa) viele Originalformen von Barclay und Manoil und begann mit der Produktion exzellenter Kopien der berühmten Dimestore-Figuren. Rons Frau Debbie katalogisiert die Produkte und bemalt die Figuren in einem Stil, der an den Charme und Charakter der Originale erinnert. Jedes Stück trägt die Kennzeichnung »Eccles Brothers« mit dem Datum der Fertigung.

Playwood Plastics fertigte diesen Elastolin-Soldaten mit Gasmaske und Leuchtgranate in der Hand. Höhe: 75 mm.

Viele Dimestore-Sortimente enthielten auch Soldaten in zivilen Posen. Der hier abgebildete Schriftsteller ist dafür ein gutes Beispiel. Höhe: 75 mm.

Krankenschwester mit Ätherflasche und Maske, eine moderne Figur von Eccles Brothers aus einer alten Gußform.
Höhe: 65 mm.

DIMESTORE-FIGUREN

Da japanische Figuren ebenfalls durch Billigläden vertrieben wurden, kann man auch sie zu den Dimestore-Figuren zählen. Einige US-Firmen importierten nach dem Zweiten Weltkrieg Blei-, Elastolin- und Zelluloidfiguren aus Japan – viele von ihnen als Kopien amerikanischer oder europäischer Produkte. Die Qualität schwankte: Minikins fertigte hochwertige Bleifiguren, Trico hingegen grobschlächtige Elastolin-Ausführungen. Alle Figuren fanden trotzdem einen reißenden Absatz und besitzen heute eine große Fangemeinde. Besonders wertvoll sind Stücke in Schachteln mit dem Aufdruck »Besetztes Japan«.

Dieser in Japan hergestellte Indianer stammt vermutlich aus den 1930er Jahren. Sehr ungewöhnlich ist der im Oberkörper steckende Drehzapfen, durch den beide Arme bewegt werden können. Höhe: 54 mm.

Diese Massivfigur eines West-Point-Kadetten entstand kurz nach dem Zweiten Weltkrieg, wahrscheinlich als Souvenir im besetzten Japan. Höhe: 54 mm.

Diese 1952 gefertigte Dimestore-Flachfigur war offenbar als neuartiges Weihnachtsgeschenk gedacht. Höhe: 70 mm.

PLASTIKFIGUREN

Die ersten erfolgversprechenden Plastikfiguren datieren aus den späten 1940er Jahren. Unklar ist allerdings, wer die Pionierstellung für sich beanspruchen kann; in den USA belieferte Beton bereits kurz nach dem Zweiten Weltkrieg Billigläden mit unbemalten, 60 mm hohen GI-Figuren, in Großbritannien kam Airfix 1947 mit Soldaten, Cowboys und Indianern aus Plastik auf den Markt. Etwa zu dieser Zeit importierte Malleable Mouldings aus Deal (Kent) einige gediegene, von Holger Eriksson entworfene Plastikfiguren aus Irland. Das Projekt scheiterte, weil es vermutlich seiner Zeit voraus war.

OBEN: **Diese unbemalten, Ende der 1940er Jahre von Beton hergestellten US-Infanteristen wurden in Billigläden vertrieben, in Großbritannien durch Woolworths. Höhe: 60 mm.**

LINKS: **Zwei Figuren aus den 1940er Jahren – ein berittener »Rundkopf« und ein Gardist mit geschultertem Gewehr – von der pionierhaften, doch glücklosen Firma Malleable Mouldings. Höhe: 90 mm und 54 mm.**

PLASTIKFIGUREN

In den 1950er Jahren rüsteten einige britische Hersteller von Hohlgußfiguren – so etwa Timpo, Cherilea und Crescent – ihre vorhandenen Gußformen für das Spritzgußverfahren um. Die erste britische Firma, die Plastikfiguren produzierte, war jedoch Zang Products (später Herald) aus East London. Zang beschäftigte Anfang der 1950er Jahre gleich mehrere Designer und schuf einige der schönsten Plastikfiguren überhaupt.

OBEN: **Diese König-Artus-Figur von Timpo besitzt eine äußerst gute Lackierung und gehörte zu einer Serie, die Mitte der 1960er Jahre herausgebracht wurde. Höhe: 54 mm.**

RECHTS: **Zwei Highland-Soldaten aus dem Herald-Sortiment. Höhe: 54 mm.**

UNTEN: **Trojanische Krieger aus Zangs Herald-Sortiment Anfang der 1950er Jahre. Höhe: 54 mm.**

PLASTIKFIGUREN

Anfang der 1950er Jahre wartete Zang mit einer Vielzahl neuer Plastikfiguren auf, darunter Infanteristen im khakifarbenen Kampfanzug, Soldaten des amerikanischen Sezessionskrieges, Gardeinfanteristen, Leibwachen, Gardekavalleristen, Highlander sowie Cowboys und Indianer. Die Kinder fanden rasch Gefallen an den in bunten Schachteln oder zu viert auf Präsentationskarton verpackten Figuren. 1953 führte man den Markennamen »Herald« ein, und an der Unterseite des Sockels jeder Figur wurde ein Herald-Logo aufgeprägt.

OBEN: **Offizier und Wachsoldat aus dem Herald-Sortiment khakifarbener Soldaten der britischen Armee. Höhe: 54 mm.**

UNTEN: **Vier Herald-Figuren: je zwei berittene und wachhabende Soldaten der Household Cavalry. Höhe: 90 mm und 54 mm.**

Plastikfiguren

Mitte der 1950er Jahre übernahm die William Britain Ltd die Firma Herald. Der Name dieser Firma blieb daraufhin bis Anfang der 1980er Jahre als Britains' Markenname für das Gros seiner Plastikfiguren erhalten. Ironischerweise wurden ab 1957 Bleikopien von Herald-Plastikfiguren von Hongkong nach Großbritannien und in die USA exportiert!

Britains revolutionierte die Welt der Plastikfiguren in den späten 1950er Jahren mit der Einführung seines Swoppet-Sortiments (engl. *to swop:* austauschen): Sämtliche Elemente bis hin zu einzelnen Pistolen waren abnehm- und austauschbar.

LINKS: **Cowboy, auf einem Faß sitzend, aus Britains' Swoppet-Sortiment. Höhe: 54 mm.**

LINKS UNTEN: **AHI (Hongkong) fertigte 1955 diese Hohlguß-Bleikopie eines von Herald stammenden Plastikinfanteristen des amerikanischen Sezessionskrieges. Höhe: 54 mm.**

RECHTS UNTEN: **Cowboy und Indianer aus Britains' Herald-Sortiment. Diese Serie umfaßte auch Reiterfiguren. Höhe: 45 mm.**

PLASTIKFIGUREN

Das 1960 von Britains eingeführte Sortiment »Eyes Right« sollte die durch das Verschwinden zahlreicher Hohlgußfiguren in zeremonieller oder Galauniform entstandene Lücke füllen. Die Serie besaß einige Merkmale der Swoppet-Figuren, da Köpfe und Arme beweglich waren. Sie begann mit Gardisten, Royal Marines und anderen britischen Regimentern. Später kamen US-Marines und -Militärkapellen hinzu. Als letzte »Eyes Right«-Figuren erschienen 1962 die Bahamas Police und die Royal Canadian Mounted Police.

LINKS UNTEN: **Aus Britains' »Eyes Right«-Sortiment stammen diese zwei Figuren der Scots Guards. Höhe: 54 mm.**

OBEN: **Mitglieder der Royal Marines aus der »Eyes Right«-Serie. Höhe: 54 mm.**

RECHTS UNTEN: **Piper der Scots Guards. Beachtenswert ist das Papierbanner auf dem Dudelsack dieser »Eyes Right«-Figur. Höhe: 54 mm.**

PLASTIKFIGUREN

Infanteristen des amerikanischen Sezessionskrieges gehörten seit den frühen 1950er Jahren zum Herald-Sortiment, doch es dauerte etwa zehn Jahre, bis die Swoppetartigen, berittenen Truppen hinzukamen. Die alten Infanteriefiguren liefen aus und wurden durch ein neu entworfenes Set ersetzt. Die meisten übrigen Sortimente wurden erweitert; 1967 ergänzten Belagerungswaffen das Swoppet-Sortiment der Ritter.

OBEN: **Figuren des amerikanischen Sezessionskrieges mit Beispielen für die alten, starren Herald-Infanteriefiguren sowie für bewegliche Swoppet-artige Figuren. Höhe: 90 mm und 54 mm.**

RECHTS: **Swoppet-artige Figuren mit beweglichen Gliedmaßen aus einem 1976 von Britains zum Andenken an das 200jährige Bestehen der USA eingeführten Set. Höhe: 54 mm.**

PLASTIKFIGUREN

Britains führte 1971 das Deetail-Sortiment von Plastikfiguren mit starren Gliedmaßen ein. Obwohl diese auf Metallsockeln stehenden Figuren für Kinder gedacht waren, sind sie heute auch bei vielen erwachsenen Sammlern beliebt. Sie bestanden anfangs aus amerikanischen und deutschen Infanteristen des Zweiten Weltkrieges. 1972 wurde die Produktion von Herald-Plastikfiguren aus Kostengründen an eine Firma in Hongkong vergeben.

UNTEN: **Land-Rover mitsamt Geschütz aus der Deetail-Serie von Britains. Figurenhöhe: 54 mm.**

OBEN: **Zwei mittelalterliche Bogenschützen aus Britains' Herald-Serie, hergestellt in Hongkong. Höhe: 54 mm und 45 mm.**

GANZ UNTEN: **US-Infanteristen mit Haubitze und rückstoßarmem Gewehr aus der Deetail-Serie. Höhe: 54 mm.**

PLASTIKFIGUREN

Britains' Deetail-Serie wurde nach 1971 stark erweitert und enthielt nun auch japanische Soldaten, Angehörige der britischen 8. Armee, das deutsche Afrikakorps, französische Fremdenlegionäre, napoleonische Truppen sowie arabische und mexikanische Krieger. In den 1980er Jahren kamen Türken, Ritter und einige Astronautenserien hinzu. Mit zunehmender Bedeutung von Britains' New Metal Models verkleinerte sich jedoch das Sortiment der Plastikfiguren. Die neuesten Deetail-Figuren sind die »Knights of the Sword«.

OBEN: **Motorisierte Infanteristen und Schütze der deutschen Wehrmacht aus Britains' Deetail-Sortiment. Figurenhöhe: 54 mm.**

OBEN: **Drei Deetail-Figuren: zwei britische Soldaten in Khakiuniform und ein japanischer Infanterist. Höhe: 54 mm.**

UNTEN: **Kampfszene von Deetail: Araber attackieren Soldaten der französischen Fremdenlegion. Höhe: 54 mm.**

Plastikfiguren

Ende der 1950er Jahre stellten sich viele britische Hersteller der Herausforderung der Swoppet-artigen Plastikfiguren, die von Britains so erfolgreich eingeführt worden waren. Timpo wählte ein ähnliches System und produzierte in seinem Werk in Shotts (Lanarkshire) Hunderte verschiedener Figuren. Norman Tooth, ein bemerkenswerter Designer bei Timpo, hatte ständig neue Ideen und erfand Ende der 1970er Jahre eine Maschine, mit der sich eine komplette Figur formen, ausstanzen, anmalen und montieren ließ. Nach diesem automatisierten Verfahren entstand 1978 Timpos letztes Sortiment, eine Serie von (berittenen) Wikingern. 1979 stellte die Firma ihre Produktion ein.

RECHTS OBEN: **Der reitende Wikinger von Timpo war eine der letzten Figuren, die nach Norman Tooths automatisiertem Verfahren entstanden. Kopf und Oberkörper sind drehbar. Höhe: 90 mm.**

LINKS OBEN: **Bei den »Knights of the Helm« bemühte sich Timpo, den Swoppet-artigen Figuren mehr Detailreichtum zu verleihen, hier z. B. mit einer aufwendigen Helmzier. Höhe: 54 mm.**

LINKS: **Cowboy zu Pferde (Timpo, 1970er Jahre). Kopf und Oberkörper sind drehbar, beachtenswert ist die cheyenneartige Fransenjacke. Höhe: 54 mm.**

PLASTIKFIGUREN

Der britische Boom bei der Herstellung von Plastikfiguren dauerte etwa von 1955 bis 1980. Cherilea, dessen Figuren 60 mm hoch waren, brachte zahlreiche neue Serien heraus, sogar ein Tudor-Hinrichtungsset. Charbens bediente viele bekannte Themenbereiche, produzierte jedoch auch die eher ungewöhnlichen Piraten, Kosaken und ein Stierkampf-Set. Crescent brachte eine hervorragende Serie von britischen Truppen aus dem Ersten Weltkrieg heraus, jedoch auch Ritter, Robin Hood, Cowboys und Indianer, die sich schließlich in Cornflakes-Schachteln wiederfanden.

RECHTS OBEN: **Dieser mexikanische Bandit mit Geldsack gehörte zu einem lebendigen Wildwest-Set von Crescent. Höhe: 60 mm.**

LINKS OBEN: **Dieser Plastik-Sarazene mit Speer wurde zuvor von Charbens als hohle Bleifigur gefertigt. Höhe: 50 mm.**

GANZ LINKS: **Der aus Plastik gefertigte Granatenwerfer des Ersten Weltkrieges ist Teil einer Serie von neun Figuren, die von Crescent in den 1960er Jahren produziert wurde. Höhe: 56 mm.**

LINKS: **Cherilea stellte diesen chinesischen Infanteristen mit Flammenwerfer als Teil einer 6er-Serie in den 1960er Jahren her.**

PLASTIKFIGUREN

John Hill & Co., Großbritanniens zweitgrößter Hersteller von Hohlgußfiguren, machte in den 1950er Jahren wenig Anstalten, auf Plastik umzustellen. Die Firma konvertierte einige Hohlgußformen, doch man investierte niemals in eine Spritzgußausrüstung, da man Plastik für eine kurzlebige Erscheinung hielt. Hill & Co. ließ sogar die Chance ungenutzt, Kelloggs mit Hunderttausenden von Plastikfiguren für seine Cornflakes-Schachteln zu beliefern. Anfang der 1960er Jahre ging die Firma schließlich in Konkurs.

LINKS: **Dieser Clansoldat, Ende der 1950er Jahre unter dem Monarch-Label von John Hill & Co. herausgegeben, gehört zu einem der wenigen Plastiksets dieser Firma. Höhe: 54 mm.**

UNTEN: **Poplar Playthings, eine walisische Firma, fertigte diesen römischen Streitwagen mit Lenker Mitte der 1950er Jahre. Obwohl von Sammlern als Plastik eingestuft, bestehen die Figuren in Wirklichkeit aus Gummi. Höhe: 80 mm.**

PLASTIKFIGUREN

Bis 1980 hatten die meisten britischen Hersteller von Plastikfiguren ihr Geschäft aufgegeben, so daß allein Cavendish Miniatures (Windsor), Airfix und Britains weiter produzierten. Cavendish stellt weiterhin (seit den frühen 1950er Jahren) Plastikfiguren her, fungiert als Großhändler und ist zudem auf Souvenirs aus massivem Blei spezialisiert.

Giles Brown von Dorset Soldiers erwarb 1989 zahlreiche alte Cherilea-Plastikformen und legte unbemalte Figuren zu vertretbaren Preisen neu auf. Marlborough aus Wales startete 1990 eine ähnliche Operation, als man die ungenutzten Charbens-Formen aufkaufte. Das Timpo-Sortiment wird nunmehr von Toyways neu aufgelegt.

OBEN: **Viele Firmen kopierten die Herald-Plastiksoldaten. Dieses Exemplar stammt von der kleinen britischen Firma VP. Höhe: 54 mm.**

OBEN: **Dieser Schwertkämpfer im Tudorstil wurde in den 1990er Jahren von Dorset Soldiers anhand der Cherilea-Originalform neu aufgelegt. Höhe: 60 mm.**

UNTEN: **Diese Infanteriebox ist eines der frühen Sets von Cavendish Miniatures. Sie gehört zu einem seit 1958 erscheinenden Sortiment. Höhe: 54 mm.**

Plastikfiguren

Louis Marx & Co. dominierte den US-Markt der Plastikfiguren. Diese berühmte Firma spezialisierte sich auf Sets in großen Displaykartons (die sogenannten Playsets), die neben unbemalten Figuren (bisweilen über 100) auch Gebäude und Accessoires enthielten. Bemalte Marx-Figuren gab es im Rahmen der Serie »Warriors of the World«; im Laufe der Jahre wurden die meisten wichtigen Epochen und Kriege behandelt. Marx produzierte außerdem 150 mm hohe Figuren aus Hart- und Weichplastik. Es gab Marx-Fabriken in Deutschland, Hongkong und Wales. Marx-Figuren werden eifrig gesammelt; auch ist der Markt groß genug für eine Fachzeitschrift. Die Londoner Firma Marksmen von Michael Ellis fand in der Neuauflage von Marx-Figuren eine lukrative Marktlücke.

OBEN: **Moderne Reproduktionen eines Marx-Sets von Marksmen. Höhe: 60 mm.**

LINKS UNTEN: **Diese 150 mm hohe, unbemalte Figur eines GIs aus dem Zweiten Weltkrieg stammt von Marx.**

RECHTS UNTEN: **Diese Robin-Hood-Figur war in den 1960er Jahren ein beliebtes Marx-Produkt. Es gab sie bemalt oder unbemalt in eigenfarbigem Plastik. Der Name wurde in den Sockel geprägt. Höhe: 60 mm.**

Plastikfiguren

Wichtige Hersteller von Plastikfiguren saßen außer in Großbritannien, den USA und Hongkong auch auf dem europäischen Festland. Starlux (Frankreich) produzierte ein breites Sortiment an napoleonischen Truppen, Fremdenlegionären und Offiziersanwärtern aus Hartplastik. Die realistisch und in guten Aktionsposen modellierten Figuren besaßen einen sehr detaillierten Farbauftrag. In Glanzzeiten bediente Starlux darüber hinaus viele weitere Themen. Außerdem produzierte man eine B-Serie mit billigeren, weniger detailreichen Figuren, die nicht ganz 54 mm hoch waren.

Drei Starlux-Figuren: Die russische Soldatin (LINKS UNTEN) **ist ein ungewöhnliches Thema; der mittelalterliche Hofnarr** (LINKS) **besitzt A-Qualität, der kleinere Fallschirmjäger** (RECHTS UNTEN) **jedoch B-Qualität.**

PLASTIKFIGUREN

Spaniens wichtigster Produzent war Reamsa, dessen Sortiment neben zahlreichen Figuren der spanischen Streitkräfte auch mittelalterliche Charaktere und Mauren umfaßte. Die von den 1950er bis in die 1970er Jahre populären Reamsa-Figuren werden derzeit durch den rührigen Sammler Ric Bracamontes von der Chicagoer Company B neu aufgelegt. Reamsa stellte seine Aktivitäten Ende der 1970er Jahre ein.

Seltene Plastikfigur eines Soldaten mit präsentiertem Gewehr, hergestellt von Quiralu (Frankreich). Die Gußformen dieser Serie wurden Anfang der 1950er Jahre an Wend-Al (GB) veräußert und dort für die Herstellung »unzerbrechlicher« Aluminiumfiguren umgerüstet. Höhe: 52 mm.

Dieser spanische Standartenträger gehört zu einem Reamsa-Set, das aus 20 Einzelstücken besteht. Höhe: 60 mm.

PLASTIKFIGUREN

Die für ihre Vorkriegsfiguren aus Elastolin berühmte deutsche Firma Hausser wandte sich nach dem Zweiten Weltkrieg der Fertigung von Plastikfiguren zu. Es entstanden eine Reihe großer Römerfiguren, Ritter, Cowboys und Indianer, die auf einigen Vorkriegsentwürfen basierten. Die späteren Figuren repräsentierten deutsche Truppen des Zweiten Weltkrieges. Hausser fiel Ende der 1970er Jahre schließlich dem neuen Trend nach High-Tech-Spielzeugen zum Opfer. Die britische Firma Gaugemaster bemühte sich jüngst um eine Wiederbelebung der Hausser-Plastikfiguren, jedoch nur mit begrenztem Erfolg.

LINKS UNTEN: **Kavallerist der Royal Canadian Mounted Police, von Hausser für den Andenkenmarkt gefertigt. Höhe: 65 mm.**

OBEN: **Zu einer in den 1960er und 1970er Jahren von Hausser produzierten Serie gehört dieser römische Reiter. Höhe: 100 mm.**

RECHTS UNTEN: **Berittener deutscher Offizier. Die Figur in diesem Entwurf von Hausser ist abnehmbar. Höhe: 100 mm.**

PLASTIKFIGUREN

Viele Jahre lang überschwemmten Plastikfiguren aus Hongkong den Weltmarkt. Sie waren meist unbemalt und gelten in Sammlerkreisen trotz ihres bisweilen hohen Detailreichtums als zweitklassig. Außerdem handelte es sich bei diesen Figuren fast ausnahmslos um illegale Kopien amerikanischer und europäischer Entwürfe.

Hongkonger Kopie eines Swoppet-artigen Cowboys mit beweglichem Kopf und Oberkörper. Höhe: 52 mm.

Dieser US-Infanterist aus grauem Plastik ist ein typisches Hongkong-Produkt. Höhe: 80 mm.

NEW TOY SOLDIERS

Die Herstellung von Bleifiguren wurde 1966 in Großbritannien untersagt, so daß der Markt nicht mehr bedient werden konnte. Frank und Jan Scroby aus London hatten mit alten Hohlgußfiguren gehandelt. Als diese zunehmend knapper wurden, experimentierten die Scrobys mit eigenen Ersatzstoffen. 1973 konnten sie mit ihrem Blenheim-Sortiment aufwarten, dessen Figuren aus einem ungiftigen Weißmetall bestanden. Diese sogenannten New Toy Soldiers waren für eine Kombination mit den herkömmlichen Hohlgußfiguren vorgesehen.

Der Blenheim-Highlander mit geschultertem Gewehr (LINKS) **tritt – was ungewöhnlich ist – mit dem linken Bein zurück. Der Zulukrieger und sein britischer Widersacher** (UNTEN) **erscheinen sehr vital und stechen dadurch von den übrigen Blenheim-Figuren ab. Höhe: 54 mm.**

New Toy Soldiers

Die erstklassigen Miniaturen der Blenheim-Serie stießen in Sammlerkreisen sofort auf große Resonanz. Shamus Wade, ein alteingesessener Figurenhändler, beauftragte die Scrobys mit der Fertigung der exklusiven Nostalgia-Serie der New Toy Soldiers für sein Versandgeschäft. Die Sets und Einzelfiguren stellten Regimenter des Commonwealth dar. Als Blenheim in späteren Jahren zunehmend größer wurde, übernahmen Peter Cowan und Andrew Rose die Nostalgia-Serie.

UNTEN: **Blenheim-Schachtelset von Frank und Jan Scroby. Die blauen Schachteln besaßen goldene Einlagen mit Schlitzen für die einzelnen Figuren. Figurenhöhe: 54 mm.**

OBEN: **Dieser Chelsea Pensioner (Blenheim) paßt gut zu den eigentlichen Militärfiguren. Höhe: 54 mm.**

OBEN: **Chinesischer Soldat des Boxeraufstands (Blenheim), in den 1970er Jahren für einen bekannten Sammler gefertigt. Höhe: 54 mm.**

NEW TOY SOLDIERS

Die Blenheim-Serie wurde 1982 infolge finanzieller Probleme eingestellt, doch noch im gleichen Jahr brachten die Scrobys das neue Marlborough-Sortiment heraus, das zunächst über die US-Agentur Star Collectibles vertrieben werden sollte. Hinzu kam eine Serie, die auf dem Hofstaat von Delhi (1902) basierte und so angelegt war, daß der Sammler nach und nach den kompletten Hofstaat nachbilden konnte. Leider wurde die Marlborough-Serie aus wirtschaftlichen Gründen ab Mitte der 1990er Jahre nicht mehr produziert. Andrew Rose, ein talentierter Designer von New Toy Soldiers, fertigt seit 1996 seine eigenen Produktlinien von Bastion- und Wessex-Figuren.

OBEN: **Zwei britische Soldaten in Tropenkleidung aus der Bastion-Serie von Andrew Rose. Höhe: 54 mm.**

UNTEN: **Marlborough-Schachtelset von Frank und Jan Scroby. Die Schachteln besaßen Schaumstoffeinlagen und Steckmulden. Figurenhöhe: 54 mm.**

New Toy Soldiers

Die geschäftlichen Erfolge der Scrobys ermutigten viele andere Firmen zur Herstellung eigener Serien von New Toy Soldiers, so etwa Mark Time aus Croydon (London) Mitte der 1970er Jahre und Charles Hall in Edinburgh (Sonderanfertigungen). Thelma und Jack Duke von Ducal (Hampshire) sind auf Paradetruppen im Rahmen von Staatsakten spezialisiert, beispielsweise auf die britische Flaggenparade.

OBEN: **Dieses Paukenpferd der Household Cavalry mit attraktiver Schachtel ist charakteristisch für die hochwertige Arbeit von Ducal. Höhe: 90 mm.**

LINKS: **Zwei Offiziere a.D., die einander mit Zinnsoldaten beschenken, bilden dieses ungewöhnliche, auf zwei verschiedenen Kontinenten entstandene Paar. Es wurde von zwei Herstellern der New Toy Soldiers gefertigt – Luigi Toiati (von Garibaldi, Italien) und Bill Hocker (Kalifornien). Höhe: 54 mm, Geschenk an den Autor.**

New Toy Soldiers

Trophy Miniatures (Wales) unter Leitung von Len Taylor – ein wichtiger Hersteller von New Toy Soldiers – erlangte wegen der Qualität seiner Entwürfe und Bemalungert weltweite Berühmtheit. In der Trophy-Serie ist der Zulukrieg besonders stark vertreten. Informationen über neue Entwürfe sind beim Guards Toy Soldier Centre (Wellington Barracks, London) erhältlich.

UNTEN: **Trophy fertigte dieses zweiteilige Set. Winston Churchill feuert zu Pferde auf einen attackierenden Derwischmönch. Höhe: 90 mm und 54 mm.**

UNTEN: **Drei frühe Figuren von Trophy Miniatures: ein Royal Marine, ein Soldat des West India Regiment und ein Soldat der indischen Armee. Höhe: 54 mm.**

New Toy Soldiers

John Tunstill, Inhaber des Soldiers Shop in Lambeth (London), startete 1977 seine eigene Serie: Soldiers Soldiers. Die Figuren wurden zum Teil von Andrew Rose entworfen. Obwohl die Produktion inzwischen eingestellt wurde, sind noch Bestände vorhanden. Giles Brown (Wiltshire), Eigentümer von Dorset Soldiers, der 1979 mit der Produktion von New Toy Soldiers begonnen hatte, erntete zahlreiche Erfolge. Erhältlich ist ein breites Sortiment britischer und anderer Regimenter (sowie Neuauflagen der alten Cherilea-Plastikfiguren). Neuerscheinungen werden regelmäßig per Katalog angekündigt.

OBEN: **Dieser Ulanenoffizier war eines der ersten Stücke von Trophy (um 1974). Der ovale Sockel wurde kurze Zeit später nicht mehr verwendet. Höhe: 54 mm.**

OBEN: **Massive Bethnal-Green-Figur, in den 1970er Jahren von John Tunstill als exklusives Souvenir des Bethnal Green Museum of Childhood (London) hergestellt. Höhe: 54 mm.**

UNTEN: **Ein phantasievolles Set von Dorset Soldiers aus handbemaltem Weißmetall, vorgesehen für eine Kombination mit den 54 mm hohen New Toy Soldiers.**

New Toy Soldiers

Die »British Toy Soldiers and Figure Show« – Europas größte Veranstaltung dieser Art – zog in den letzten Jahren eine zunehmende Zahl von Ausstellern aus den Reihen der britischen Hersteller von New Toy Soldiers an. Bei diesen handelt es sich nicht selten um Privatpersonen, die wie Major Gavin Thompson von der Royal Military Police allein ihrem Vergnügen frönen. Manche, etwa Martin Tabony, betreiben das Geschäft als Nebenerwerb, andere jedoch als professioneller Ganztagsjob.

LINKS: **Royal Military Policeman, von Major Gavin Thompson unter dem Namen »Kidogo« gefertigt. Höhe: 54 mm.**

UNTEN: **»The Home Coming« – ein attraktives, von Martin Tabony entworfenes, modelliertes und bemaltes Set. Höhe: 54 mm.**

NEW TOY SOLDIERS

Für den Erfolg der New Toy Soldiers gibt es mehrere Gründe, darunter gewiß auch die getreue Wiedergabe historischer und stilistischer Details durch die führenden Hersteller (wie Steadfast Soldiers), ein hoher handwerklicher Anspruch, eine attraktive Verpackung und die ausgeprägte Fähigkeit, spezialisierte Sammler anzusprechen.

Ein attraktives Set mit Angehörigen des Black Watch, vollständig mit Maxim-MG und Schütze, produziert von Steadfast Soldiers. Höhe: 54 mm.

New Toy Soldiers

Amerikanische Hersteller von New Toy Soldiers sind Somerset, Bill Hocker, Edward Burley, Joe Shimek, Stephen Dietz und Ron Wall. Der wohl erfolgreichste von ihnen ist Bill Hocker aus Berkeley (Kalifornien). Sein Engagement, sein Blick für Details, exquisites Design und seine Fertigungstechniken bescherten ihm weltweiten Ruhm. In Italien sind Luigi und Monica Toiati (Rom) mit dem Markennamen Garibaldi führend.

RECHTS: **Highland-Piper der Jakobitenerhebung von 1745 (Garibaldi, Italien). Höhe: 54 mm.**

RECHTS: **Indianischer Krieger mit abnehmbarem Speer von Ron Wall aus Saint Louis (Missouri). Höhe: 54 mm.**

UNTEN: **Für dieses Marineorchester von Bill Hocker wurde eine durchsichtige Schrumpfverpackung gewählt, die eine Präsentation ohne Entnahme der Figuren ermöglicht. Höhe: 54 mm.**

NEW METAL MODELS

Im Jahr 1973 führte Britains seine New Metal Models ein. Obwohl die Scrobys im gleichen Jahr das Blenheim-Sortiment der ähnlich lautenden New Toy Soldiers starteten, unterscheiden sich die beiden Herstellungsverfahren recht stark (siehe Seite 14). Das erste New Metal Model war ein marschierender schottischer Gardist. Britains konnte nach einem zähen Beginn beträchtliche Teile des internationalen Figurenmarkts zurückgewinnen, häufig mit Hilfe von Schachtelsets in begrenzter oder unbegrenzter Auflage. Erstere wurden 1983 eingeführt und besitzen naturgemäß einen Sammlerwert, der von ihrer Auflagenhöhe abhängt.

OBEN: **Von Britains stammender Reiter der Life Guards. Höhe: 90 mm.**

UNTEN: **»The Second Life Guards« in einem Schachtelset, Britains 1994. Höhe: 90 mm.**

New Metal Models

Bisweilen sind besondere Britains-Figuren erhältlich, die im normalen Katalog nicht auftauchen. Als zum Beispiel 1984 im Londoner Toy and Model Museum die Ausstellung »On Guard« eröffnet wurde, gab Britains zu diesem Anlaß zwei in einem offenen Karton plazierte und nur während des Ausstellungszeitraums erhältliche »Argyll & Sutherland«-Figuren heraus. Im Rahmen einer Werbekampagne, die 1985 in Kanada durchgeführt wurde, gelangten einige »Mountie«-Figuren auf den Markt.

UNTEN: **Zwei »Argyll & Sutherland«-Highlanders von Britains für die Ausstellung des Londoner Toy and Model Museum. Höhe: 54 mm.**

OBEN: **New Metal Model eines Royal Canadian Mounted Policeman. Höhe: 90 mm.**

NEW METAL MODELS

Britains hielt während der 1980er Jahre an der Verwendung von Schachtelsets und limitierten Auflagen als Marketinginstrumente fest. So erschienen 1986 die Welsh Guards in einer auf 5000 Stück limitierten Ausgabe, und drei Sets mit Figuren der US-Marinekorps kamen heraus, um den Absatz in den USA anzukurbeln. 1987 wurde dieses Thema weiterentwickelt, und man nahm Musiker der US-Marine in die William Britain Collection auf. Im gleichen Jahr erschien »The Bahamas Police Band« in einem auf 5000 Exemplare beschränkten Set; dieses Sujet war bereits in Form von Hohlgußfiguren bedient worden.

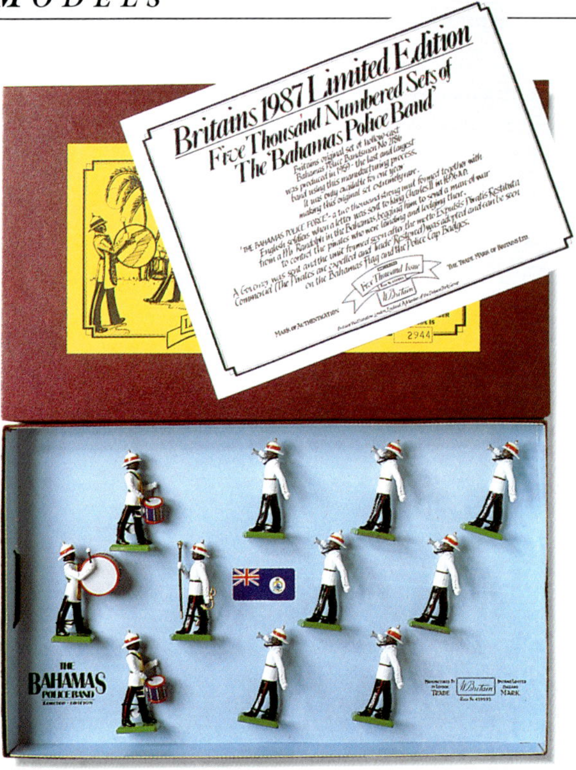

RECHTS: **Britains' 1987er Ausgabe von »The Bahamas Police Band«, mitsamt Zertifikat. Höhe: 54 mm.**

UNTEN: **Trommler und Hornisten des US-Marinekorps im Perspex-Schaukarton von Britains. Höhe: 54 mm.**

NEW METAL MODELS

Die Qualität von Britains' New Metal Modelss erfuhr hohes Lob, als zwei berühmte Londoner Einkaufsparadiese – Harrods und Hamleys – bei Britains Figuren in speziellen Geschenkkartons orderten. Das »Harrods' London Set« enthielt eine Auswahl von Soldaten, die zeremonielle Aktivitäten in der Hauptstadt durchführten, zusammen mit der für die Flaggenparade hoch zu Roß sitzenden Queen. Beide Sets werden zweifellos weiter im Wert steigen. Die Expansion der Schachtelsets setzte sich fort, so etwa 1991 mit den 17th und 21st Lancers' zusammen mit den Irish Guards und der Somerset Light Infantry.

UNTEN: **Ein sehr hübsches Britains-Set: »The Duke of Cambridge's Own 17th Lancers«. Höhe: 90 mm.**

OBEN: **Das Harrods London Set, eine Auftragsarbeit von Britains für das weltberühmte Londoner Kaufhaus. Höhe: 54 mm.**

New Metal Models

In den 1990er Jahren kehrte Britains zu traditionelleren Verpackungsmethoden zurück – die berühmten roten Schachteln mit illustrierten Aufschriften wurden wieder eingeführt. Die Firma betonte die Verbindungen zwischen ihren New Metal Models und den alten Hohlgußfiguren. 1992 kamen fünf neue Sets in roten Schachteln heraus, so auch »The Royal Marine Light Infantry« und »The Middlesex Yeomanry«. Im gleichen Jahr erschienen außerdem kleine Schachteln mit einer Reiterfigur oder zwei Standfiguren, ähnlich den Hohlgußfiguren der Picture-Pack-Serie. Hierzu zählte auch eine 1000er Auflage eines Pipers von »The King's Own Scottish Borderers«, die rechtzeitig zu Britains' Hundertjahrfeier 1993 für den britischen Verband der Spielwarenhändler produziert wurde.

OBEN: **Piper von »The King's Own Scottish Borderers«, erschienen anläßlich von Britains' 100jährigem Bestehen. Höhe: 54 mm.**

UNTEN: **»The Royal Marine Light Infantry« in einer Sonderausgabe von Britains. Höhe: 54 mm.**

New Metal Models

1992 führte Britains eine andere Art der Verpackung ein – die sogenannten »Grey Boxes«. Dahinter steckte die Absicht, einige berühmte Regimenter zu würdigen. Die jeweils zehn Figuren steckten in Schlitzen und konnten entnommen und in eine Aussparung gesteckt werden. Leider erwies sich diese Initiative als sehr kurzlebig. Dennis Britain, letztes Mitglied der Gründerfamilie, wählte für die Hundertjahrfeier der Firma persönlich einige Husaren und Füsiliere für ein doppellagiges Schachtelset aus, das – eigentlich für 1992 geplant – erst 1993 herauskam.

OBEN: **Eine »Grey Box« von Britains: »The Green Howards« mit Trommlern, Hornisten, Eskorten und Standarten. Höhe: 54 mm.**

UNTEN: **Schachtel mit Dennis Britains persönlicher Auswahl von Figuren für das 100jährige Firmenjubiläum. Höhe: 54 mm.**

New Metal Models

Britains produzierte 1993, also in seinem offiziellen Jubiläumsjahr, drei Sonderausgaben, die nur in jenem Jahr zum Verkauf angeboten wurden: eine Geschützmannschaft der Royal Horse Artillery, einen Life Guard von 1837 und einen Fort Henry Pioneer (die beiden Letztgenannten gab es in separaten Schachteln). Ausgegeben wurden zudem 4000 Sets von »The Royal Regiment of Fusiliers« und 5000 Sets von »The Band of the Blues and Royals« (ohne Kapellmeister!), ferner – in roten Schachteln – »The 5th Dragoon Guards« und »The King's Royal Rifle Corps«. Der William Britain Collectors Club wurde ebenfalls 1993 gegründet. Neben einer Zeitschrift und Mitgliedskarte erhalten Clubmitglieder alljährlich eine spezielle Orchesterfigur.

OBEN: **Limitiertes William-Britain-Set der »Royal Regiments of Fusiliers«. Höhe: 54 mm.**

UNTEN: **Tambourmajor von »The Sherwood Foresters«, erhältlich nur für Mitglieder des William Britain Collectors Club. Höhe: 54 mm.**

Andere Materialien

Miniaturfiguren gibt es aus verschiedensten Materialien – von Keramik und Porzellan bis zu Glas, Harz, Blech, Zelluloid und Seife. Die Figuren können sich beträchtlich in der Größe unterscheiden, zählen aber eigentlich nicht zu den in diesem Buch präsentierten Sammlerstücken. Auch Figuren aus Aluminium, Holz oder Papier sind kein wesentlicher Bestandteil dieses Hobbys. Man sollte sie jedoch erwähnen, da man ihnen häufiger begegnet und sie eine Sammlung gut ergänzen können.

Dieser ungewöhnliche Highlander besteht aus Zelluloid und entstand vermutlich in Deutschland. Höhe: 70 mm.

Krolyn (Kopenhagen) fertigte diesen Robin Hood aus Aluminium unmittelbar vor dem Zweiten Weltkrieg. Höhe: 110 mm.

Blechplattenfigur von Louis Marx & Co. (USA). Die Figuren dienten als Zielscheibe beim Wettschießen mit einem Spielzeuggewehr. Höhe: 50 mm.

ANDERE MATERIALIEN

Aluminium ist vermutlich das von Sammlern am stärksten verkannte Material. Die meisten Aluminiumfiguren wurden in den 1930er Jahren nach einem von Quiralu entwickelten Herstellungsverfahren in Frankreich produziert. In den 1950er Jahren beschaffte sich Wend-Al die Quiralu-Formen und produzierte in Großbritannien während der Periode der Bleiknappheit einige Aluminiumfiguren. Sie galten als unzerbrechlich und waren wesentlich elastischer als ihre Pendants aus Blei; herstellungsbedingt erreichten sie jedoch nicht deren Detailtreue. Darüber hinaus platzt bei ihnen die Farbe leichter ab als bei anderen Figuren; außerdem wirken sie aufgrund der dicken Sockel recht grob.

OBEN: **Dieser Musketier aus Aluminium entstand in Frankreich Mitte der 1940er Jahre, in einer Zeit, als Blei knapp war. Höhe: 60 mm.**

UNTEN: **Schachtelset mit Toytown-Figuren aus Aluminium von Wend-Al. Den Inhalt bilden Kinder in napoleonischen Uniformen, ergänzt durch Schaukelpferd, Krankenschwester und Bäume. Höhe: 54 mm.**

ANDERE MATERIALIEN

Papierfiguren wurden in den USA von Parker Bros, Milton Bradley und McLoughlin gefertigt. Da sie meist als Zielscheiben dienten, verwundert es nicht, daß nur wenige von ihnen überdauert haben. Auch wenn einige Holzfiguren existierten, bot sich Holz vor allem für den Bau von Spielzeugfestungen an. Ihre Hersteller kooperierten häufig mit Kollegen aus der Figurenbranche, um sicherzustellen, daß die Proportionen stimmten. Burgen und Forts gelten als eigenständige Sammlerstücke und können eine Figurensammlung ansprechend ergänzen.

OBEN: **Cee Bee fertigte diese hölzerne Burg um 1952. Sie besteht aus drei Teilen, die zusammengelegt in eine Schachtel passen. Höhe: 60 cm.**

LINKS: **Der Papiersoldat entstand in den USA, vermutlich in den 1920er Jahren. Höhe: 100 mm.**

GANZ LINKS: **Renee North stellte diese Flachfigur aus Sperrholz um 1971 her. Shamus Wade, der den Commonwealth Forces History Trust betreibt, verkaufte nach Norths Tod Figuren aus diesem Sortiment. Höhe: 100 mm.**

AUSSTELLUNGEN

Deutsche und Internationale Zinnfigurenbörse Kulmbach
Alle zwei Jahre in ungeraden Jahren im August in Kulmbach (Bayern).
Weitere alljährliche Figurenbörsen in Deutschland: Bad Nauheim (Oktober), Frankfurt (Mai) und Herne (März).

Birmingham Model and Toy Soldier Fayre
Alljährlich im Oktober. Veranstalter: David McKenna, 20 Poston Court, Kings Heath, Birmingham B14 5AB, GB.

British Model Soldier Society
Maßgebliche Autorität mit lokalen Niederlassungen. Siehe Seite 79.

Euro Militaire
Zweitägige Veranstaltung zum Modellieren von Militärfiguren, alljährlich im September in: Leas Cliff Hall, Folkestone, Kent, GB.

Folkestone International Toy Soldier Show
Alljährlich im März in: Metropole Suite, Folkestone, Kent, GB.

Soldiers and Figure Show
Alljährlich im Februar im Gloucester Leisure Centre. Veranstalter: Lilliane Tunstill, 110/112 Bath Road, Cheltenham, Gloucestershire, GB.

UK Toy and Model Soldier Show
Veranstaltet von *Plastic Warrior* alljährlich im Mai in: Queen Charlotte Hall, Parkshot, Richmond, Surrey, GB.

Old Toy Soldier Show, Chicago
Alljährlich im September in: The Hyatt Regency, Woodfield, Schaumburg, Illinois, USA. Veranstaltet gemeinsam mit der Zeitschrift *Old Toy Soldier*. Kontakt: Don Pielin, 1009 Kenilworth, Wheeling, Illinois, USA.

Toronto Old Soldier Sale
Alljährlich im Oktober in: The Regal Constellation Hotel, 900 Dixon Road, Toronto, Kanada. Veranstalter: Stewart Saxe.

Annual East Coast Toy Soldier Show and Sale
Alljährlich im November in: The Fairleigh Dickinson University, Hackensack, New Jersey, USA. Veranstaltet gemeinsam mit der Zeitschrift *Toy Soldier Review*. Kontakt: Bill Lango.

The Camileri Westchester Toy Soldier Show
Alljährlich im November in: The Westchester County Centre, White Plains, New York, USA. Kontakt: Frank Fusco.

West Coaster Toy Soldier Show
Alljährlich im März in der Gaststätte von: The Park Hotel, 1855 South Harbor Boulevard, Anaheim, California 92802, USA. Kontakt: Bob Fisher.

MFCA (Miniature Figure Collectors of America) Annual Show and Exhibition
Alljährlich im Mai in: The Valley Forge Convention Centre, King of Prussia, Pennsylvania, USA. Kontakt: Alban Shaw.

Hobby Militaire of the Ontario Model Soldier Society
Alljährlich im Juni in: Novotel North York, 3 Park Home Avenue, North York, Toronto, Kanada. Kontakt: Ted Kennedy.

Annapolis Toy Soldier Show
Alljährlich im Juli in: The Annapolis Hotel, Annapolis, Maryland, USA. Kontakt: Dick Sossi.

Indiana Toy Soldier Show
Alljährlich im März in: The Ramada Inn, 7701 42nd Street, Indianapolis, Indiana, USA. Kontakt: Barry Carter.

North East Toy Soldier Society Soldier Show
Alljährlich im April in: Dedham, Massachusetts, USA. Kontakt: Dick Charlesworth, 121 Cherry Brook Road, Weston, MA 02193, USA.

Long Island Toy Soldier Show
Alljährlich im September in: Elks Lodge, 57 Hempstead Avenue, Lynbrook, Long Island, New York, USA. Kontakt: Vinny Pugliese.

Weiterführende Literatur

Asquith, Stuart: *The Collector's Guide to New Toy Soldiers*, Hemel Hempstead 1991 (Argus Books)

Carman, W. Y.: *Model Soldiers*, London 1973 (Charles Letts & Co.)

Fontana, Dennis: *The War Toys 2: The Story of Lineol*, London 1991 (New Cavendish Books)

Garratt, John G.: *Model Soldiers: A Collector's Guide*, London 1965 (Seeley Services)

Garratt, John G.: *Collecting Model Soldiers*, Newton Abbot 1975 (David & Charles)

Garratt, John G.: *The World Encyclopedia of Model Soldiers*, London 1981 (Frederick Muller)

Greenhill, Peter: *Heraldic Miniature Knights*, 1991 (Guild of Master Craftsmen)

Hampe, Theodor: *Der Zinnsoldat. Ein deutsches Spielzeug*, Berlin 1982 (B. Ehrig). Photomechanischer Nachdruck der Ausgabe von 1924

Johnson, Peter: *Toy Armies*, London 1981 (B. T. Batsford)

Joplin, Norman: *British Toy Figures 1900 – Present*, London 1987 (Arms & Armour Press)

Joplin, Norman: *The Great Book of Hollow-cast Figures*, London 1993 (New Cavendish Books)

Kearton, George: *The Collector's Guide to Plastic Toy Soldiers*, 1987 (Ross Anderson Publications)

Kollbrunner, Kurt F.: *Zinnfiguren, Zinnsoldaten, Zinngeschichte*, München 1979 (Hirmer)

Kurtz, Henry L. und Ehrlich, Burtt: *The Art of the Toy Soldier*, London 1979 (New Cavendish Books). Dt: *Spielzeugsoldaten*, Stuttgart 1989 (Motorbuch Verlag)

London Toy and Model Museum: *On Guard* (Ausstellungskatalog), London 1984 (New Cavendish Books)

Martin, Paul: *Der standhafte Zinnsoldat. Bunte Welt aus Zinn und Blei*, Stuttgart 1961

McKenzie, Ian: *Collecting Old Toy Soldiers*, London 1975 (B. T. Batsford)

Nevins, Edward: *Forces of the British Empire 1914*, 1993 (Vandamere Press)

O'Brien, Richard: *Collecting Toy Soldiers no. 1*, 1990 (Books Americana)

O'Brien, Richard: *Collecting Toy Soldiers no. 2*, 1992 (Books Americana)

Opie, James: *Britains Toy Soldiers 1893–1932*, London 1985 (Gollancz)

Opie, James: *British Toy Soldiers 1893 to the Present*, 1985 (Arms & Armour Press)

Opie, James: *Phillips Collectors' Guides: Toy Soldiers*, London 1989 (Boxtree)

Opie, James: *Collecting Toy Soldiers*, London 1992 (New Cavendish Books)

Opie, James: *The Great Book of Britains*, London 1993 (New Cavendish Books)

Ortmann, Erwin: *Zinnfiguren einst und jetzt*, Leipzig 1977

Pielin, Don: *American Dimestore Soldiers*, 1975 (Selbstverlag)

Polaine, Reggie und Halkins, David: *The War Toys 1: The Story of Hausser-Elastolin* (2. Auflage), London 1991 (New Cavendish Books)

Rattelmüller, P. E.: Zinnfiguren. *Die Welt in der Spanschachtel*, 1971

Richards, L. W.: *Old British Model Soldiers 1893–1918*, 1970 (Arms & Armour Press)

Roer, Hans H.: *Bleisoldaten*, München 1981 (Georg D. W. Callwey)

Roer, Hans H.: *Old German Toy Soldiers*, 1993 (Selbstverlag)

Rose, Andrew: *The Collector's All-colour Guide to Toy Soldiers*, London 1985 (Salamander)

Wallis, Joe: *Regiments of All Nations*, 1981 (Selbstverlag)

Wallis, Joe: *Armies of the World*, 1983 (Selbstverlag)

Periodika

Folgende Periodika enthalten Informationen und Artikel, die für den Sammler von Interesse sind:

Figuren Magazin
Postfach 210 667, D–10506 Berlin, Tel.: 030/393 26 69. **Die Zeitschrift für den deutschsprachigen Sammler. Erscheint vierteljährlich.**

Les Amis de Starlux
Siehe Vereine und Clubs, Seite 79.

Bulletin
Mitteilungsblatt der British Model Soldier Society, nur für Mitglieder. Siehe Vereine und Clubs, Seite 79.

Collector's Gazette
Allgemein gehaltene Zeitung, zehnmal jährlich, mit Features und Berichten über Figurenausstellungen und -auktionen. Kontakt: 200 Nuncargate Road, Kirby-in-Ashfield, Nottinghamshire NG17 9AG, GB.

Holger Eriksson Collector Society
Vierteljährliches Infoblatt speziell für Eriksson-Produkte und verwandte Firmen. Kontakt: Lou Sandbote, 5307E Mockingbird, Suite 802, Dallas, Texas 75206–5109, USA.

Military Hobbies
Zweimonatliche Zeitschrift mit starkem Schwerpunkt auf Produkten für die Figurenherstellung. Kontakt: Pireme Publishing Ltd, 34 Chatsworth Road, Charminster, Bournemouth BH6 8SW, GB.

Military Modelling
Enthält eine monatliche Figurenkolumne mit Details über Produkte und Veranstaltungen. Kontakt: Argus Specialist Publications, Argus House, Boundary Way, Hemel Hempstead HP2 7ST, GB.

Old Toy Soldier Newsletter
Zweimonatliche Veröffentlichung über sämtliche Aspekte des Sammelns alter und neuer Figuren. Kontakt: Steve and Josie Sommers (Herausgeber), 209 North Lombard, Oak Park, Illinois 60302–2503, USA.

Plastic Figures and Playset Collector
Spezialisiert auf die Plastikfiguren von Marx. Kontakt: Tom Terry (Herausgeber), PO Box 1355, La Crosse, Wisconsin 54602–1355, USA.

The Plastic Warrior
Abonnementzeitschrift für Sammler von Plastiksoldaten. Kontakt: 65 Walton Court, Woking, Surrey GU21 5EE, GB.

Toy Soldier Review
Vierteljährliche Publikation über alte und neue Figuren. Kontakt: Bill Lango (Herausgeber), c/o Vintage Castings, 127 74th Street, North Bergen, New Jersey 07047, USA.

The William Britain
Zeitschrift des William Britain Collectors Club. Siehe Vereine und Clubs, Seite 79.

Woody's Word
Vierteljährliches Infoblatt über neue Produkte und Veranstaltungen. Kontakt: M. D. Paulussen, 19 Seneca Trail, Wayne, New Jersey 07470, USA.

VEREINE, CLUBS UND AUKTIONEN

Les Amis de Starlux
Ein regelmäßig erscheinendes Magazin informiert über Starlux-Produkte. Details von: Patrice Reynaud, 9 Grand rue, 11400 Ville Neuve, La Comptar, Frankreich.

British Model Soldier Society
Diese altgediente Vereinigung kümmert sich um die Anliegen der Sammler. Es gibt regionale Niederlassungen, Ausstellungen und Wettbewerbe sowie alljährlich eine nationale Veranstaltung in London. Ein Teil der eigenen Sammlung ist ausgestellt in Hatfield House, Hertfordshire. Details über die Mitgliedschaft von: Ian R. Webb, Honorary Treasurer, 35 St John's Road, Chelmsford, Essex CM2 0TX, GB.

Toy Soldier Collectors of America
Internationales Mitgliederverzeichnis. Details von: John Giddings, 5340 40th Avenue North, St Petersburgh, Florida 33709, USA.

William Britain Collectors Club
Mitglieder erhalten alljährlich eine exklusive Britains-Figur sowie zweimal jährlich eine Zeitschrift mit Ankündigungen geplanter Britains-Figuren. Details über die Mitgliedschaft von: William Britain Collectors Club, PO Box 1946, Halesowen, West Midlands B63 3TS, GB.

AUKTIONEN
Auktionen in Deutschland führen durch: **Rolf Richter (Weinheim), Erich Lösch (Worms) und Günter Schmitt (Düren).**

Christies, South Kensington Ltd., Kontakt: Hugo Marsh oder Daniel Agnew, 85 Old Brompton Road, London SW7 3LD, GB.

Lacy Scott, 10 Risbygate Street, Bury St Edmunds, Suffolk, GB. Kontakt: George Beevis oder Peter Crichton.

Phillips Bayswater, 10 Salem Road, Bayswater, London W2 4DL, GB. Kontakt: James Opie (Berater).

Wallis & Wallis, West Street Auction Galleries, Lewes, Sussex BN7 2NJ, GB. Kontakt: Glen Butler.

Henry Kurtz Ltd, 163 Amsterdam Avenue, Suite 136, New York, NY 10023, USA.